◆分子シミュレーション講座◆

分子動力学シミュレーション

新装版

神山新一・佐藤　明
［著］

朝倉書店

本書は，分子シミュレーション講座 第2巻『分子動力学シミュレーション』(1997年刊行)を再刊行したものです．
本書で紹介したプログラムは，小社WEBサイト
http://www.asakura.co.jp/books/isbn/978-4-254-12692-1/
よりダウンロードできます．

まえがき

第1巻「モンテカルロ・シミュレーション」のまえがきで述べたように，現在は計算機シミュレーションに従事する研究者にとって，非常に恵まれた環境下にある．大学の情報処理センターに附置された高性能スーパーコンピュータはもちろんのこと，研究室内のワークステーションやパーソナルコンピュータでさえ，計算機シミュレーションに耐え得るある程度の性能を有するに至っている．このような計算機環境の追い風が，様々な分野で，計算機を用いたよりミクロな解析への潮流を作り出しているものと，著者らは考えている．

計算機シミュレーションという言葉は，多くのシミュレーション法を包含しているが，本書や前述の姉妹書で取り扱っているのは，支配方程式を差分法や有限要素法で解く数値解析法ではなく，系の構成粒子レベルに立って，それらの粒子の運動を追跡することにより，物理現象を把握しようとする分子シミュレーション法である．分子シミュレーション法は，大別すると，モンテカルロ法と分子動力学法とがある．モンテカルロ法は，熱力学的平衡状態に対するシミュレーション法である．この方法では，粒子の微視的状態がある確率法則の下に次々に作成される確率論的方法であり，平衡統計力学がそのベースとなっている．モンテカルロ法については前述の姉妹書で取り扱っており，本書と併せてお読み頂くと非常に効果的な学習ができるのではないかと著者らは期待している．

一方，分子動力学法は粒子の運動方程式に従って運動を追跡していく決定論的方法であり，熱力学的平衡状態はもちろんのこと，工学的に重要な非平衡な現象にも適用できるので，非常に適用範囲が広いシミュレーション法ということが言える．本書はシリーズ第2巻として，この分子動力学法を取り扱ったものである．分子動力学法という言葉は，分子系に限らず，微粒子などから構成される粒子系に対しても用いられる．なぜなら，概念が同じならば，微粒子動力学法と言い替える必要はないからである．時代の要請はより高精度のテクノロジーを要求しており，そうすると我々はより微視的な視覚を有さなければならない．正しく，分子動力学法はこの極限の理論的な視覚を我々に提供してくれる一つの手段である．したがって，本シリーズのそれぞれの書で述べられている各分子シミュレーション法は，今後のミクロ・シミュレーションによる研究で，非常に重要な役割を演じるものと考えられる．

この本は学部後半から大学院の学生を対象として書かれたものであるが，執筆方針は前述の姉妹書と同様である．すなわち，本書ではできるだけこの本内で議論が閉じるように，数式の誘導も省略しないで載せてある．また，論点の焦点をぼかす恐れがある場合には，式の誘導は付録に回すことにし，結果の式だけを本文で示して，見通しをよくするようにした．多少数式が多く出てくるが，要所の式は省略しないで載せてあるので，読者自身で十分数式の変形を追えるものと期待している．統計集団の説明は，分子動力学法の説明上必要最少限の記述に止めている．したがって，より深い理解を得るために，ぜひ姉妹書の第1巻「モンテカルロ・シミュレーション」を併せてご活用願いたい．実際に読者が計算プログラムを作成するに際して役立つと思われる有用な種々のサブルーチンや，より深く理解するための完全な計算プログラムの例を付録に示した．これらのプログラムはインターネットを介して ftp コマンドで入手することが可能である．

以上のように，本書が学部および大学院の教科書はもちろんのこと，分子シミュレーション，特に分子動力学シミュレーションに興味を持つ若手研究者にも十分参考になるものと期待している．

最後に，著者たちが分子シミュレーションによる研究へと踏み込むきっかけを作ってくれた，著者らのよき共同研究者である英国ウェールズ大学 (バンゴー) 電子工学科の Prof. Chantrell には，佐藤の英国滞在中，いろいろ研究討議をして頂いたことを付記したい．また，同学科の Dr. Coverdale との数限りない研究討議から多くの疑問点が払拭されたのを覚えている．ここに付記して謝意を表する次第である．さらに，原稿の TEX 入力に際して，東北大学流体科学研究所研究補助員 千葉美由紀嬢ならびに学生諸君には多大の協力を得た．また，出版に当たり，朝倉書店編集部にはたいへんお世話になった．ここに，厚くお礼申し上げる次第である．

1997年3月

神山新一
佐藤　明

目　　次

1

分子動力学シミュレーションの概要

ある物理現象を理論的に解明しようとするとき，まず，支配方程式 (基礎方程式) を構築し，それを解析的にもしくは数値的に解くことにより理論解を求めるというふうな解析の流れが通常である．そして，その理論解を実験結果と比較することで，現象の本質をより深く把握することができる．ところで，通常，支配方程式の構築に際しては，分子や原子といった物質の構成要素レベルまで立ち入ることはせず，もう少し巨視的な観点に立つことが多い．

例えば，円柱まわりの流れについて考えてみる．この流れの支配方程式は，ナビエ・ストークス (Navier-Stokes) 方程式として非常によく知られているが，支配方程式の導出に際しては，水分子が H_2O なる 3 原子分子であるというような細かい情報は全く必要としない．むしろ，水という流体を連続体とみなし，その連続体の取り扱いの範囲内で導出されたのが，ナビエ・ストークス方程式なのである．

分子シミュレーション (molecular simulation) では，系の構成要素である原子や分子レベル，あるときには，超微粒子レベルの観点に立ち，それらの粒子の微視的な運動を追跡することにより，微視的および巨視的な物理量等の評価を行うものである（本書では，特に断らない限り，分子・微粒子等を代表して粒子と呼ぶものとする）．図 1.1 は，直感的にわかりやすいように，円柱まわりの流れの分子動力学シミュレーションの一例を示したものである．ただし，分子は多数の小さな円，円柱は連続した表面を有する大きな円として描いてある．分子間力の計算や分子と円柱との衝突処理などを行うことによりシミュレーションは進行し，分子は下流 (右側) へと移動していく．

このように，分子シミュレーションは，連続体としての支配方程式を差分法

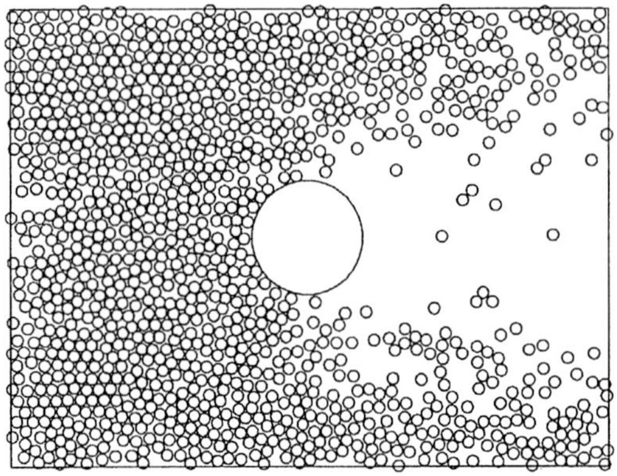

図 1.1　円柱まわりの流れの分子動力学シミュレーション

や有限要素法などで離散化して，その方程式の解を求める数値解析法とは異なり，系の構成要素である分子レベルといった微視的な立場に立って分子の運動を追跡することにより，現象を解明しようとする方法である．

分子シミュレーション法は，大別すると，分子動力学法（molecular dynamics method，略して MD）とモンテカルロ法 (Monte Carlo method, MC) とがある．本書で扱う分子動力学法では，粒子の運動方程式を数値的に解くことにより，粒子の運動を追跡していく．

いま，粒子数が N 個なる多粒子系を考える．簡単化のために，粒子は単原子分子とし，粒子の回転運動を考慮する必要はないものとする．粒子の質量を m とし，着目する粒子 i がまわりの粒子から受ける力を $\boldsymbol{f}_i$ とすれば，粒子の運動はニュートンの運動方程式より，次のように表される．

$$m\frac{d\boldsymbol{v}_i(t)}{dt} = \boldsymbol{f}_i(t) = \sum_{j=1(\neq i)}^{N} \boldsymbol{f}_{ij}(t) \tag{1.1}$$

ここに，$\boldsymbol{f}_{ij}$ は，粒子 j が粒子 i に及ぼす力であり，3 体力以上の寄与は無視した．したがって，N 粒子系の場合には，それぞれの粒子に対して類似の運動方程式が存在し，合計 N 個の運動方程式を連立して解かなければならない．式 (1.1) は，多粒子系の場合，一般に解析的には解けないので，数値的に解かざるを得ない．左辺の一階微分の項の差分化の仕方によって，第 3 章で述べるいろいろな分子動力学アルゴリズムが生じることになるが，一例として velocity Verlet アルゴリズムを示すことにする．粒子 i の位置ベクトルと速度ベクトルをそれぞれ$\boldsymbol{r}_i$と$\boldsymbol{v}_i$とすれば，運動方程式は次のようになる．

$$\boldsymbol{r}_i^{n+1} = \boldsymbol{r}_i^n + h\boldsymbol{v}_i^n + \frac{h^2}{2m}\boldsymbol{f}_i^n \tag{1.2}$$

$$\boldsymbol{v}_i^{n+1} = \boldsymbol{v}_i^n + \frac{h}{2m}(\boldsymbol{f}_i^{n+1} + \boldsymbol{f}_i^n) \tag{1.3}$$

ここに，上付き添字 n は時間ステップを意味し，例えば，$\boldsymbol{r}_i^{n+1}$は$\boldsymbol{r}_i(t+h)$ の簡略化表現である．h は時間きざみであり，シミュレーションでは十分小さな値を取る．以上，適当な初期条件を与えれば，式 (1.2) と (1.3) を用いて，各時間ステップでのそれぞれの粒子の位置と速度を追跡していくことが可能となる．したがって，このような粒子の運動の軌跡に沿って取ったある微視的量の時間平均値は，それに相当する巨視的量に等しくなる．すなわち，

$$\overline{A} = \lim_{t\to\infty} \frac{1}{(t-t_0)} \int_{t_0}^{t} A(\tau)d\tau \tag{1.4}$$

例えば，$A(\tau)$ の表式として，微視的レベルでの圧力の式を用いれば，$\overline{A}$は実験室で測定される圧力を与えることになる．

2

統計熱力学の基礎

2.1 統 計 集 団

統計集団 (statistical ensemble) の詳細については，第 1 巻の「モンテカルロ・シミュレーション」にて述べているので，ここでは分子動力学法の説明において必要となる部分のみを要約することにする．

統計集団とは，熱力学的平衡状態にある系の，時間変化によってできるあらゆる微視的状態を模写するために作った人工的な微視的状態の集まりである．もし，対象としている統計集団の任意の要素の出現確率がわかれば，物理量 A の統計的な平均値 $\langle A\rangle$ が計算できる．このようにして求める平均を集団平均 (ensemble average) という．ある量の集団平均は，実質上時間平均と等しくなる．代表的な統計集団として，小正準集団，正準集団，大正準集団，圧力集団などがあり，以下にこれらについて簡単に記述する．

小正準集団 (microcanonical ensemble) は，系の粒子数 N，体積 V，エネルギー Eが規定され，かつ，取り得る任意の微視的状態が等しい確率で出現する統計集団のことである．この集団は，外界とまったく孤立した系（孤立系）を対象とするのに非常に都合のよい統計集団である．

正準集団 (canonical ensemble) は，系の粒子数 N，体積 V，温度 Tが規定された統計集団であり，実際の実験室で行われる (N,V,T) 一定の系を取り扱うのに非常に都合のよい統計集団である．ある微視的状態 rがエネルギー E_rとなるとき，正準集団の場合，微視的状態 rの出現する確率$\rho(E_r)$ は次式に従う．

$$\rho(E_r) = e^{-\frac{E_r}{kT}}/Z \tag{2.1}$$

ただし,

$$Z = \sum_r e^{-\frac{E_r}{kT}} \tag{2.2}$$

この分布を正準分布という.

大正準集団 (grand canonical ensemble) は,系の体積 V,温度 T,化学ポテンシャル(可逆断熱的に系の粒子を1個だけ増加するのに必要なエネルギー)μ が規定された統計集団である.この統計集団は,エネルギーや粒子の出入りを許す開いた系を取り扱うのに非常に適した統計集団である.いま,系の粒子数が N のとき,ある微視的状態 r にある系のエネルギーが $E_N(r)$ とすれば,大正準集団の場合,この微視的状態の出現する確率 $\rho(E_N(r))$ は,

$$\rho(E_N(r)) = \exp\left\{-\frac{E_N(r) - \mu N}{kT}\right\} \Big/ \Xi \tag{2.3}$$

なる大正準分布に従う.ここに Ξ は次式で表される.

$$\Xi = \sum_N \sum_r \exp\left\{-\frac{E_N(r) - \mu N}{kT}\right\} \tag{2.4}$$

圧力集団 (pressure ensemble),もしくは,定温-定圧集団 (isothermal-isobaric ensemble) と呼ばれる集団は,系の粒子数 N,温度 T,圧力 P が規定された統計集団のことである.この統計集団は,圧力が一定で系の体積変化を許す系を取り扱うのに適している.系の体積が V のときのある微視的状態 r が取るエネルギーを $E_V(r)$ とすれば,圧力集団では,この微視的状態の出現する確率 $\rho(E_V(r))$ は次の分布に従う.

$$\rho(E_V(r)) = \exp\left\{-\frac{E_V(r) + PV}{kT}\right\} \Big/ Y \tag{2.5}$$

ここに,Y は次のように書ける.

$$Y = \sum_V \sum_r \exp\left\{-\frac{E_V(r) + PV}{kT}\right\} \tag{2.6}$$

2.2 温度と圧力

この節では代表的な熱力学的状態量である温度と圧力の評価式を示す．

温度は粒子の熱運動 (thermal motion) と関係し，熱速度 (thermal velocity, peculiar velocity)，すなわち，粒子の速度から平均流速を引いた速度で定義される．もちろん，系が静止していれば，粒子の速度そのものが熱速度である．以下においては系が静止しているものと仮定する．温度Tが与えられた系の場合，粒子の速度はマクスウェル分布に従った分布となる．マクスウェル分布の導出は第1巻「モンテカルロ・シミュレーション」の付録で行っているが，その要約が付録A1に示してある．この分布を用いて，運動エネルギー$K(\boldsymbol{p})$の集団平均を求めると，次のようになる．

$$\langle K(\boldsymbol{p})\rangle = \left\langle \frac{1}{2m}\sum_{i=1}^{N}\boldsymbol{p}_i^2 \right\rangle = 3N\frac{kT}{2} \tag{2.7}$$

ただし，$\boldsymbol{p}$は運動量で，$\boldsymbol{p}_1, \boldsymbol{p}_2, \cdots, \boldsymbol{p}_N$をまとめて表したものである．この式は，一自由度当たり$kT/2$のエネルギーを有するというエネルギー等分配の法則 (law of equipartition of energy) からも容易に理解できる．そこで，小正準集団のように温度が変動する場合，温度Tは次式で定義される．

$$T = \frac{2}{3N}\cdot\frac{1}{k}\langle K\rangle \tag{2.8}$$

なお，式 (2.8) においては，粒子の自由度を$3N$としたが，例えば粒子全体の運動量がゼロという条件を加えると自由度が3個減少するので，分母の$3N$を$(3N-3)$としなければならない．ただし，慣例的には$3N$として処理する場合も多い．集団平均を時間平均に置き換えることができることは，既に述べた．

圧力はビリアル状態方程式として知られている式で表される．この式の導出は第1巻の「モンテカルロ・シミュレーション」の付録に示してあるので，ここでは結果だけを示す．すなわち，

$$P = \frac{N}{V}kT + \frac{1}{3V}\left\langle \sum_{i}\sum_{\substack{j \\ (i<j)}} \boldsymbol{r}_{ij}\cdot\boldsymbol{f}_{ij} \right\rangle \tag{2.9}$$

ここに，$\boldsymbol{r}_{ij}=\boldsymbol{r}_i-\boldsymbol{r}_j$, $\boldsymbol{f}_{ij}$は粒子 jが粒子 i に及ぼす力であり，右辺第 1 項は粒子の運動による寄与，第 2 項は粒子間力に起因する項である．

2.3 輸 送 係 数

拡散係数や粘度などの輸送係数の表式は，ある量の自乗偏差の平均，もしくは時間相関関数の積分の形で表すことができる[1~3]．これらの表式の導出はかなり複雑で難解なので，付録 A3 で行うことにし，ここでは，そこで得られた結果の要約のみを示すことにする．

輸送係数αは一般に次の Einstein 形，もしくは Green-Kubo 形の二通りの表式で表すことができる．Einstein 形では自乗偏差の平均と関係づけられ，次のように表される．

$$\alpha=\lim_{t\to\infty}\frac{1}{2}\cdot\frac{d}{dt}\left\langle (A(t)-A(0))^2\right\rangle \tag{2.10}$$

一方，Green-Kubo 形では時間相関関数の平均と関係づけられ，次のように表される．

$$\alpha=\int_0^\infty\left\langle \dot{A}(t)\dot{A}(0)\right\rangle dt \tag{2.11}$$

ここに，t は時間である．なお，相関関数については付録 A3.1 を参照されたい．以下においては代表的な輸送係数である，拡散係数 D，粘度η，熱伝導率λ，体積粘度η_Vの表式を示す．

拡散係数の Einstein 形の表式は，

$$D=\lim_{t\to\infty}\frac{1}{6}\cdot\frac{d}{dt}\left\langle |\boldsymbol{r}(t)-\boldsymbol{r}(0)|^2\right\rangle \tag{2.12}$$

Green-Kubo 形の表式は，

$$D=\frac{1}{3}\int_0^\infty\langle \boldsymbol{v}(t)\cdot\boldsymbol{v}(0)\rangle\, dt \tag{2.13}$$

ここに，$\boldsymbol{r}(t)$ と$\boldsymbol{v}(t)$ はそれぞれ着目する粒子の時間 t での位置ベクトルと速度ベクトルである．

粘度の Einstein 形の表式は，

$$\eta = \lim_{t\to\infty} \frac{1}{2k_BTV} \cdot \frac{d}{dt} \left\langle \left\{ \sum_{j=1}^{N} z_j(t)p_{jx}(t) - \sum_{j=1}^{N} z_j(0)p_{jx}(0) \right\}^2 \right\rangle \tag{2.14}$$

Green-Kubo 形の表式は，

$$\eta = \frac{1}{k_BTV} \int_0^\infty \langle J_{zx}(t)J_{zx}(0)\rangle\, dt \tag{2.15}$$

ただし，

$$\begin{aligned} J_{zx}(t) &= \sum_{j=1}^{N} \left\{ \frac{1}{m} p_{jz}(t)p_{jx}(t) + z_j(t)f_{jx}(t) \right\} \\ &= \sum_{j=1}^{N} \left\{ \frac{1}{m} p_{jz}(t)p_{jx}(t) + \sum_{\substack{i=1 \\ (i<j)}}^{N} \sum_{j=1}^{N} z_{ij}(t)f_{ijx}(t) \right\} \end{aligned} \tag{2.16}$$

ここに，k_Bはボルツマン定数，Vは系の体積，Tは温度，m は粒子の質量，z_jと p_{jx}はそれぞれ粒子 jの位置の z座標と運動量の x 成分，f_{ijx}は粒子 jが粒子 i に及ぼす力の x 成分，$z_{ij} = z_i - z_j$，である．ここでは J_{zx}としたが，熱力学的平衡状態を問題としているので，J_{xy}，J_{xz}，J_{yx}，J_{yz}，J_{zx}，J_{zy}のいずれでもよい．

熱伝導率の Einstein 形の表式は，

$$\lambda = \lim_{t\to\infty} \frac{1}{2k_BT^2V} \cdot \frac{d}{dt} \left\langle \left\{ \sum_{j=1}^{N} z_j(t)\tilde{E}_j(t) - \sum_{j=1}^{N} z_j(0)\tilde{E}_j(0) \right\}^2 \right\rangle \tag{2.17}$$

Green-Kubo 形の表式は，

$$\lambda = \frac{1}{k_BT^2V} \int_0^\infty \langle J_z(t)J_z(0)\rangle\, dt \tag{2.18}$$

ただし，$J_z(t)$ は次式で与えられる．

$$J_z(t) = \sum_{j=1}^{N} \dot{z}_j(E_j - \langle E_j\rangle) - \frac{1}{2} \sum_{\substack{j=1 \\ (j\neq l)}}^{N} \sum_{l=1}^{N} \frac{w(r_{jl})}{r_{jl}^2} z_{jl}(\boldsymbol{v}_j \cdot \boldsymbol{r}_{jl}) \tag{2.19}$$

$$E_j(t) = \frac{1}{2}mv_j^2(t) + \frac{1}{2}\sum_{\substack{l=1 \\ (l \neq j)}}^{N} u_{jl}(t) \tag{2.20}$$

ここに，E_jは粒子jの有するエネルギー，$\tilde{E}_j(t) = E_j(t) - \langle E_j \rangle$，$\boldsymbol{v}_j$は粒子$j$の速度，$\boldsymbol{r}_{jl} = \boldsymbol{r}_j - \boldsymbol{r}_l$，$u_{jl}$は粒子$j, l$間の相互作用のエネルギーである．また$w(r_{jl})$は次のように定義される．

$$w(r_{jl}) = -\boldsymbol{r}_{jl} \cdot \boldsymbol{f}_{jl} \tag{2.21}$$

式(2.17)と(2.18)は系のエネルギーが保存される小正準集団の場合に成り立つ式である．

体積粘度η_Vの Einstein 形の表式は，

$$\left(\eta_V + \frac{4}{3}\eta\right) = \lim_{t\to\infty} \frac{1}{2k_BTV} \times \frac{d}{dt}\left\langle \left\{ \sum_{j=1}^{N} x_j(t)p_{jx}(t) - \sum_{j=1}^{N} x_j(0)p_{jx}(0) - PVt \right\}^2 \right\rangle \tag{2.22}$$

Green-Kubo 形では，

$$\left(\eta_V + \frac{4}{3}\eta\right) = \frac{1}{k_BTV}\int_0^\infty \langle (J_{xx}(t) - PV)(J_{xx}(0) - PV) \rangle \, dt \tag{2.23}$$

ただし，

$$J_{xx}(t) = \sum_{j=1}^{N} \frac{1}{m}p_{jx}^2(t) + \sum_{\substack{i=1 \\ (i<j)}}^{N}\sum_{j=1}^{N} x_{ij}(t)f_{ijx}(t) \tag{2.24}$$

$J_{xx}(t)$は，$J_{yy}(t)$，もしくは，$J_{zz}(t)$に置き換えてもよい．式(2.22)と(2.23)も熱伝導率の式と同様に，小正準集団に対して成り立つ式である．

以上，代表的な輸送係数の表式を示したが，詳細は付録 A3 で論じているので，そちらを参照されたい．実際のシミュレーションでは，例えば粘度の場合，$J_{xy}(t)$，$J_{xz}(t)$，$J_{yx}(t)$，$J_{yz}(t)$，$J_{zx}(t)$，$J_{zy}(t)$に対するηの値を求めて，それらを算術平均することで精度の改善が計れる．

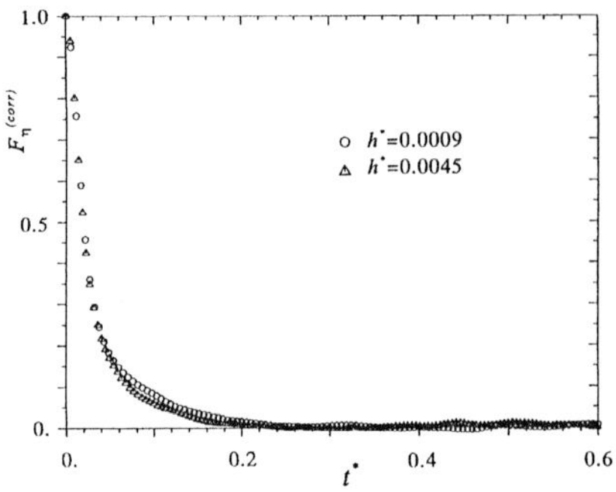

(a) 粘　度

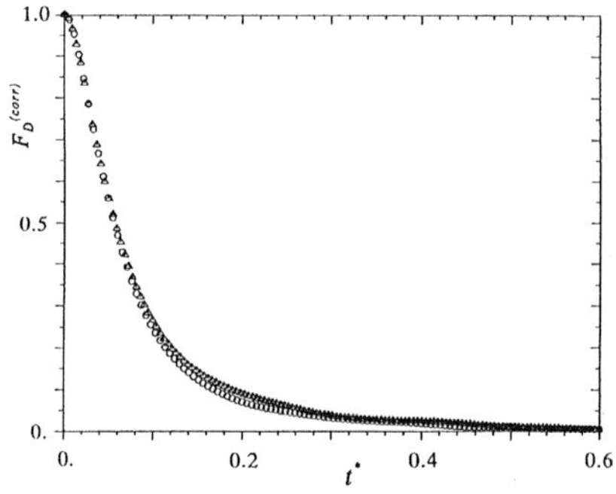

(b) 拡散係数

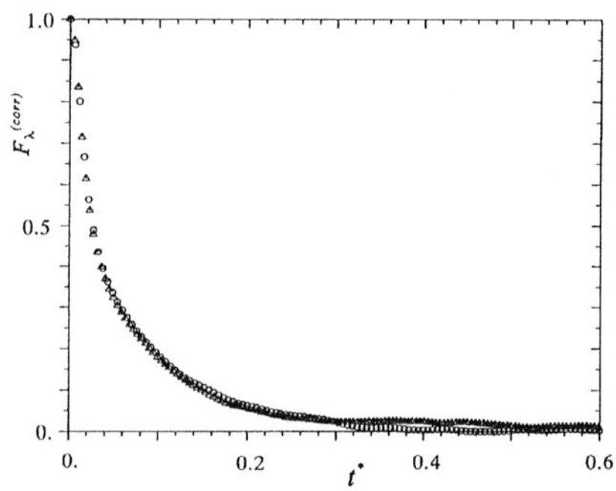

(c) 熱伝導率

図 2.1　相関関数 (n^*=0.6, T^*=15)

最後に，実際に分子動力学シミュレーションによって求めた，Green-Kubo 形の表式における相関関数の集団平均の結果の一例を示す[4]．モデル分子としては，分子間ポテンシャル $u(r)$ が $u(r) = 4\varepsilon\{(\sigma/r)^{12} - (\sigma/r)^6\}$($\varepsilon$ と σ は定数) で表されるレナード・ジョーンズ分子を用い，粒子数は $N = 108$，温度は $T^* = 15$，粒子の数密度は $n^* = 0.6$，分子動力学アルゴリズムは後に示す velocity Verlet 法，時間きざみは $h^* = 0.0009$ と取っている．参考のために，$h^* = 0.0045$ の場合の結果も載せてある．なお，上付き添字は無次元量を意味し，数密度が $1/\sigma^3$，温度が ε/k(k はボルツマン定数)，時間が $\sigma(m/\varepsilon)^{1/2}$($m$ は分子の質量) で無次元化されている．図 2.1(a)，(b)，(c) の縦軸は，それぞれ式 (2.15)，(2.13)，(2.18) の被積分項を静的相関関数 (式 (A3.4)) の値で規格化した量である．図からわかるように，時間t^*の増加とともに相関は急激に減小するが，尾の部分はかなり長く，この部分を精度よく得るには十分なサンプリング，すなわち十分長い時間のシミュレーションが必要となる．なお，一般には$N = 108$では系は小さ過ぎるので，実際にはもう少し大きな系を用いなければならないことを指摘しておく．

文献

1) D.A. McQuarrie, "Statistical Mechanics", Harper & Row, New York (1976).
2) R. Zwanzig, "Time-Correlation Functions and Transport Coefficients in Statistical Mechanics", Ann. Rev. Phys. Chem., 16(1965), 67.
3) E. Helfand, "Transport Coefficients from Dissipation in a Canonical Ensemble", Phys. Rev., 119(1960), 1.
4) 佐藤　明, "分子動力学シミュレーションに用いられる計算アルゴリズムの安定性の検討(第1報,Velocity Verlet アルゴリズムの場合", 日本機械学会論文集 (B 編), 60(1994), 9.

3
分子動力学法

分子動力学法は，系を構成する粒子の運動方程式を時間について離散化し，それらの方程式を連立して解いて粒子の運動を追跡していく方法[1~8]である．ニュートンの運動方程式はエネルギー保存則を満足する．したがって，熱力学的平衡状態を対象としたシミュレーションの場合には，小正準集団に対してのみ適用できる．他の統計集団を対象とする場合には，後に示すような，ニュートンの運動方程式とは別の運動方程式を用いなければならない．一方，工学的に重要な非平衡な現象をシミュレートする場合には，ニュートンの運動方程式(定エネルギー分子動力学) を用いればよい．

以下においては，まず各種統計集団に対する分子動力学を示し，それからニュートンの運動方程式の種々の分子動力学アルゴリズムを示す．その後それらのアルゴリズムに対して，実際にシミュレーションを行って調べた安定性や精度面の特徴を示す．なお，取り扱いの簡単化のために，ここでは球状粒子を仮定し，粒子の回転運動を考慮する必要はないものとする．もう少し複雑な非球形分子の分子動力学法は第 6.1 節で論じる．

3.1　各統計集団に対する分子動力学

3.1.1　定エネルギー分子動力学

系のエネルギーが保存される小正準集団や非平衡状態に対するシミュレーションに際しては，ニュートンの運動方程式が用いられる．この場合，定エネルギー分子動力学 (constant energy MD, microcanonical ensemble MD, NVE MD) と呼ばれる．粒子 i の位置ベクトルを $\boldsymbol{r}_i$，粒子 i に作用する力を $\boldsymbol{f}_i$ とすれば，ニュートンの運動方程式は次のように書ける．

$$m\frac{d^2\boldsymbol{r}_i}{dt^2}=\boldsymbol{f}_i \tag{3.1}$$

速度ベクトル$\boldsymbol{v}_i$は位置の微分から，

$$\boldsymbol{v}_i=\frac{d\boldsymbol{r}_i}{dt} \tag{3.2}$$

もし，外力が作用しなければ，系の運動エネルギーや運動量および角運動量が保存されることは，ニュートン力学の教えるところである．しかしながら，第4章で述べるように，シミュレーションでは一般に有限のシミュレーション領域を設定し，境界の影響を少なくするために周期境界条件を用いるので，必ずしもこれらの量が保存されるとは限らない．圧倒的によく用いられる立方体のシミュレーション領域では，系の運動エネルギーと運動量は保存されるが，角運動量は保存されないことに注意されたい．

ここで後の議論の都合上，ニュートンの運動方程式をラグランジュの運動方程式とハミルトンの正準方程式から示す[9]．粒子間力および系に作用する力がすべて保存力である場合の保存系を考える．粒子の位置ベクトルと速度ベクトルを代表して$\boldsymbol{q}$と$\dot{\boldsymbol{q}}$で表し，ラグランジュ関数(ラグランジアン)を$L(\boldsymbol{q},\dot{\boldsymbol{q}})$とすれば，$L$は運動エネルギー$K$とポテンシャル・エネルギー$U$より次のように定義される．

$$L=K-U \tag{3.3}$$

保存系に対するラグランジュの運動方程式は，ホロノームな拘束条件(一般にN個の質点よりなる力学系の拘束が，位置ベクトル$\boldsymbol{r}_i$および時間tのみの関係として$\phi_k(\boldsymbol{r}_1,\boldsymbol{r}_2,\cdots,\boldsymbol{r}_N,t)=0\ \ (k=1,2,\cdots)$と表せるとき，ホロノームな拘束条件と呼ぶ．このように表せないものを非ホロノームな拘束条件と呼ぶ)に対して，

$$\frac{d}{dt}\left(\frac{\partial L}{\partial\dot{q}_k}\right)-\frac{\partial L}{\partial q_k}=0\ \ (k=1,2,\cdots) \tag{3.4}$$

となる．ここに，q_kおよび$\dot{q}_k$はそれぞれ一般化座標および一般化速度を表す．ここで，q_kを直交座標系に取れば，式(3.4)は次のようになる．

$$m\ddot{\boldsymbol{r}}_i=\boldsymbol{f}_i \tag{3.5}$$

ここに，$\boldsymbol{r}_i$は粒子 i の位置ベクトルで，力が保存力である場合には，粒子 i に作用する力$\boldsymbol{f}_i$は次のように書ける．

$$\boldsymbol{f}_i = -\frac{\partial U}{\partial \boldsymbol{r}_i} \tag{3.6}$$

外力が作用する場合には，Uは外力の項も含むことに注意されたい．式 (3.5) はニュートンの運動方程式に他ならない．ラグランジュの運動方程式は，直観的に運動方程式を書き下せないときに非常に便利な方程式である．

次に，ハミルトンの正準方程式を示す．一般化座標 q_k と正準共役関係にある一般化運動量 p_k は次式で定義される．

$$p_k = \frac{\partial L}{\partial \dot{q}_k} \tag{3.7}$$

この式を式 (3.4) に代入すると，

$$\dot{p}_k = \frac{\partial L}{\partial q_k} \tag{3.8}$$

となる．ハミルトニアン Hは運動エネルギー Kとポテンシャル・エネルギー U の和，すなわち，$H = K + U$で与えられるが，ラグランジアンを用いた定義式は次のとおりである．

$$H(\boldsymbol{p}, \boldsymbol{q}) = \sum_k \dot{q}_k p_k - L(\boldsymbol{q}, \dot{\boldsymbol{q}}) \tag{3.9}$$

この式においては，右辺の$\dot{q}_k$などを式 (3.7) を用いて一般化座標と一般化運動量の関数として表すことにより，Hが定義できる．すなわち，ハミルトニアンは位置と運動量の関数である．

いま，Hの全微分を考えると，

$$dH = \sum_k \frac{\partial H}{\partial q_k} dq_k + \sum_k \frac{\partial H}{\partial p_k} dp_k \tag{3.10}$$

となる．一方，式 (3.9) より，

$$\begin{aligned} dH &= \sum_k \dot{q}_k dp_k + \sum_k p_k d\dot{q}_k - \sum_k \frac{\partial L}{\partial q_k} dq_k - \sum_k \frac{\partial L}{\partial \dot{q}_k} d\dot{q}_k \\ &= \sum_k \dot{q}_k dp_k - \sum_k \dot{p}_k dq_k \end{aligned} \tag{3.11}$$

ここに，変形に際して式 (3.7) と (3.8) を用いた．したがって，式 (3.10) と (3.11) を比較することにより，次のハミルトンの正準方程式を得る．

$$\dot{q}_k = \frac{\partial H}{\partial p_k},\ \dot{p}_k = -\frac{\partial H}{\partial q_k} \tag{3.12}$$

直交座標系に対するハミルトンの正準方程式は次のようになる．

$$\dot{\boldsymbol{r}}_i = \frac{\boldsymbol{p}_i}{m} \tag{3.13}$$

$$\dot{\boldsymbol{p}}_i = \boldsymbol{f}_i \tag{3.14}$$

式 (3.13) を (3.14) に代入すれば，ニュートンの運動方程式が得られる．

以上の議論においては，ハミルトニアン H およびラグランジアン L を共に時間 t を陽に含まないと暗黙に仮定したが，この場合式 (3.12) を用いると，

$$\frac{dH}{dt} = \sum_k \frac{\partial H}{\partial q_k}\dot{q}_k + \sum_k \frac{\partial H}{\partial p_k}\dot{p}_k = 0 \tag{3.15}$$

となり，ニュートンの運動方程式は，$H=$一定，すなわち，系の全エネルギーが一定となる性質を満足する運動方程式であることがわかる．

3.1.2 定温分子動力学

系の温度が一定の場合を定温分子動力学 (constant-temperature MD, canonical ensemble MD, NVT MD) という．ニュートンの運動方程式は系のエネルギーが変化しない運動方程式なので，温度が規定された正準集団には適用できない．したがって，正準集団を対象とする場合には，温度が一定となる別な運動方程式を用いなければならない．しかもこの運動方程式によって生成された微視的状態は正準分布となる必要がある．このような温度を一定にする方法として，速度スケーリング法[10,11]，拘束法[12,13]，拡張系法[14]などがあるが，以下これらの方法について見ていく[2,3]．

a. 速度スケーリング法

系の温度 T と粒子の速度 $\boldsymbol{v}_i$ は，式 (2.7) より次の式で関係づけられる．

$$\eta\frac{kT}{2} = \sum_i \frac{mv_i^2}{2} \tag{3.16}$$

ここに，ηは自由度の数であり，温度が既定値ならば粒子数Nの系に対しては$\eta = 3N - 1$である．粒子がニュートンの運動方程式に従う場合には，既に述べたように，運動エネルギーやポテンシャル・エネルギーは変動するが，系全体のエネルギーは一定のまま保たれる．速度スケーリング法は各時間ステップごとに全粒子の速度を一斉にスケーリングすることで，運動エネルギーを強制的に一定値に保たせようとする方法である．こうすることによって温度が一定に保たれることになる．スケーリングの倍率βを次のように取ると，

$$\beta = \left(\frac{\eta kT}{\sum_i m v_i^2} \right)^{\frac{1}{2}} \tag{3.17}$$

$v'_i = \beta v_i$として算出した運動エネルギーは，

$$\sum_i \frac{m v_i'^2}{2} = \eta \frac{kT}{2} \tag{3.18}$$

となり，温度一定を満足することがわかる．以下，速度スケーリング法 (velocity scaling method) の妥当性を検討する．

式 (3.4) のような形の方程式はエネルギー保存則を満足する運動方程式を与えることは既に述べた．エネルギーのゆらぎを作り出すには，系とエネルギー・リザーバー (energy reservoir) との間のエネルギーのやり取りを考慮すればよい．これは一般化力を式 (3.4) の右辺に付加することに相当する．すなわち，

$$\frac{d}{dt}\left(\frac{\partial L}{\partial \dot{q}_k}\right) - \frac{\partial L}{\partial q_k} = F(q_k, \dot{q}_k) \tag{3.19}$$

ここで，一般化力が一般化ポテンシャルU_Gより求まるとすると，

$$F(q_k, \dot{q}_k) = \frac{d}{dt}\left(\frac{\partial U_G}{\partial \dot{q}_k}\right) - \frac{\partial U_G}{\partial q_k} \tag{3.20}$$

となる．したがって，$L' = L - U_G$として，次に示す拘束条件を有さないラグ

ランジュの方程式に帰着する．

$$\frac{d}{dt}\left(\frac{\partial L'}{\partial \dot{q}_k}\right) - \frac{\partial L'}{\partial q_k} = 0 \tag{3.21}$$

次に，U_Gを次のように仮定する．

$$U_G = \xi(\boldsymbol{q}, \dot{\boldsymbol{q}})\phi(\boldsymbol{q}, \dot{\boldsymbol{q}}) \tag{3.22}$$

上式のϕは系とリザーバーとの相互作用を表し，ξは拘束条件 (3.16) を満足するために用いられたパラメータと見なす．式 (3.7) および (3.8) において，LをL'とすれば運動方程式は，次のようになる．

$$m\dot{q}_k = p_k + \xi\frac{\partial\phi}{\partial\dot{q}_k} + \phi\frac{\partial\xi}{\partial\dot{q}_k} \tag{3.23}$$

$$\dot{p}_k = -\frac{\partial U}{\partial q_k} - \xi\frac{\partial\phi}{\partial q_k} - \phi\frac{\partial\xi}{\partial q_k} \tag{3.24}$$

いま，ϕが一般化速度のみの関数とし，さらに式 (3.23) および (3.24) においてϕを含む項が無視できるほどϕがゼロに近い値を取るとすると，式 (3.23) および (3.24) は次のようになる．

$$m\dot{q}_k = p_k + \xi\frac{\partial\phi}{\partial\dot{q}_k} \tag{3.25}$$

$$\dot{p}_k = -\frac{\partial U}{\partial q_k} \tag{3.26}$$

式 (3.25) の$\dot{q}_k$を$\sum_k m\dot{q}_k^2/2 = \eta kT/2(= \Lambda)$ に代入すると，

$$\xi^2\sum_k\frac{1}{m}\left(\frac{\partial\phi}{\partial\dot{q}_k}\right)^2 + 2\xi\sum_k\frac{p_k}{m}\cdot\frac{\partial\phi}{\partial\dot{q}_k} + \sum_k\frac{1}{m}p_k^2 - 2\Lambda = 0 \tag{3.27}$$

ϕとして次式を用いると，

$$\phi = \sum_k m\frac{\dot{q}_k^2}{2} - \eta\frac{kT}{2} \tag{3.28}$$

式 (3.25) は次のように変形できる．

$$m\dot{q}_k = \frac{p_k}{1-\xi} \tag{3.29}$$

この式と式 (3.28) を用いると，式 (3.27) の解が次のように得られる．

$$(1-\xi) = \left(\frac{\dfrac{1}{2m}\displaystyle\sum_k p_k^2}{\Lambda} \right)^{\frac{1}{2}} \tag{3.30}$$

したがって，$\beta = 1/(1-\xi)$ は明らかであり，式 (3.29) は，

$$m\dot{q}_k = \beta p_k \tag{3.31}$$

となり，この式と式 (3.26) が粒子の運動方程式となる．

b. 拘 束 法

拘束法 (constraint method) による粒子の運動方程式は次のように書ける．

$$\dot{\boldsymbol{r}}_i = \frac{\boldsymbol{p}_i}{m} \tag{3.32}$$

$$\dot{\boldsymbol{p}}_i = \boldsymbol{f}_i - \xi(\boldsymbol{r}, \boldsymbol{p})\boldsymbol{p}_i \tag{3.33}$$

ここに，ξは$\boldsymbol{r}, \boldsymbol{p}$の関数で一種の摩擦係数であり，所望の温度に保つために導入されたものである．温度Tが一定となる拘束条件は，次のとおりである．

$$\sum_i \frac{p_i^2}{2m} = \eta \frac{kT}{2} \tag{3.34}$$

ここに，$p_i = |\boldsymbol{p}_i|$ であり，また温度一定という条件を追加することで自由度が一つ減じるので，$\eta = 3N - 1$ となる．ξの値は式 (3.34) を時間で微分した式，

$$\sum_i \boldsymbol{p}_i \cdot \dot{\boldsymbol{p}}_i = 0 \tag{3.35}$$

と式 (3.33) より次のように得られる．

$$\xi(\boldsymbol{r}, \boldsymbol{p}) = \frac{\displaystyle\sum_i \boldsymbol{p}_i \cdot \boldsymbol{f}_i}{\displaystyle\sum_i p_i^2} \tag{3.36}$$

式 (3.36) で表されたξを用いた運動方程式 (3.32) および (3.33) によって作成された微視的状態が，粒子の配置に関しては，正準集団の微視的状態の出現確率である正準分布になることが証明されている[15]．一方，系の運動量が保存されることから，運動量の分布は正準分布とはならない．

c. 拡張系法

拡張系法 (extended system method) はエネルギー・リザーバーを含めた拡張系に対してシミュレートする方法であるが，系 (通常の系) とリザーバーとの間のエネルギーのやり取りは力学的に行われる．全体の手法はピストンによって系の体積を制御することで圧力一定の状態を作り出す定圧分子動力学の手法に類似しており，ピストンの慣性はリザーバーの熱慣性 (thermal inertia) に相当する．

粒子の実際の速度$\boldsymbol{v}_i$と位置の時間微分$\dot{\boldsymbol{r}}_i$は次式で関係づけられる．

$$\boldsymbol{v}_i = s\dot{\boldsymbol{r}}_i \tag{3.37}$$

ここに，s はリザーバーの自由度を考慮したことにより生じる変数を表す．リザーバーのポテンシャル・エネルギー U_sは変数 s を用いて次のように書くことにする (発見的な量と理解すればよい)[14]．

$$U_s = (\eta + 1)kT \ln s \tag{3.38}$$

ここに，Tは温度，ηは通常の系の自由度の数であり，リザーバーの自由度が加わった拡張系の自由度は $(\eta + 1)$ となる．次に，リザーバーの運動エネルギー K_sは，

$$K_s = \frac{Q\dot{s}^2}{2} = \frac{p_s^2}{2Q} \tag{3.39}$$

となり，Q は温度のゆらぎの程度を制御する熱慣性パラメータであり，(エネルギー)・(時間)^{2}の次元を有する．また，p_sは後述するとおりである．

拡張系のラグランジアン L_sは次のようになる．

$$\begin{aligned} L_s &= K + K_s - (U + U_s) \\ &= \sum_i m\frac{v_i^2}{2} + \frac{Q\dot{s}^2}{2} - U - (\eta + 1)kT \ln s \end{aligned} \tag{3.40}$$

ここに，Uは通常どおり粒子の位置の関数である．このラグランジアンを用いると，粒子の運動量$\boldsymbol{p}_i$およびリザーバーの運動量に相当する量 p_sは式 (3.7) より次のとおりである．

$$\boldsymbol{p}_i = ms^2\dot{\boldsymbol{r}}_i \tag{3.41}$$

$$p_s = Q\dot{s} \tag{3.42}$$

運動方程式は式 (3.4) より，次のように得られる．

$$\ddot{\boldsymbol{r}}_i = \frac{\boldsymbol{f}_i}{ms^2} - \frac{2\dot{s}\dot{\boldsymbol{r}}_i}{s} \tag{3.43}$$

$$Q\ddot{s} = \sum_i m\dot{r}_i^2 s - (\eta+1)\frac{kT}{s} \tag{3.44}$$

この場合の拡張系のハミルトニアン H_sは次のようになる．

$$\begin{aligned} H_s &= K + K_s + U + U_s \\ &= \sum_i \frac{m(s\dot{r}_i)^2}{2} + \frac{Q\dot{s}^2}{2} + U + (\eta+1)kT\ln s \\ &= \sum_i \frac{1}{2m}\left(\frac{p_i}{s}\right)^2 + \frac{1}{2}\cdot\frac{p_s^2}{Q} + U + (\eta+1)kT\ln s \end{aligned} \tag{3.45}$$

ここで，H_sが一定値に保存されることは，式 (3.45) を用いて次のようになることから明らかである．

$$\frac{dH_s}{dt} = \sum_i \left(\frac{\partial H_s}{\partial \boldsymbol{p}_i}\cdot\dot{\boldsymbol{p}}_i + \frac{\partial H_s}{\partial \boldsymbol{r}_i}\cdot\dot{\boldsymbol{r}}_i\right) + \frac{\partial H_s}{\partial p_s}\cdot\dot{p}_s + \frac{\partial H_s}{\partial s}\cdot\dot{s} = 0 \tag{3.46}$$

したがって，初期状態として全エネルギーが E_sであった場合，運動方程式 (3.43) および (3.44) による位相空間内の状態点の軌跡に沿って，全エネルギーが E_s となる状態が出現する確率ρ_{NVE_s}は，

$$\rho_{NVE_s}(\boldsymbol{r},\boldsymbol{p},s,p_s) = \frac{\delta(H_s - E_s)}{\iiiint \delta(H_s - E_s)d\boldsymbol{r}d\boldsymbol{p}dsdp_s} \tag{3.47}$$

となり，小正準分布の確率密度を与える．ここに，$\delta(x)$ はディラックのデルタ関数であるが，このデルタ関数を変形し，s および p_sについて積分すると，変数$\boldsymbol{r}$および$\boldsymbol{p}/s(= m\boldsymbol{v})$ に関する正準集団の確率密度を与えることが証明されている[14)]．

最後に Q について述べる[14)]．Q の値の選定には任意性があり，Q の値が大き過ぎるとエネルギーのやり取りが緩慢となり温度一定の状態が得られにくくな

る．逆に，Q の値が小さ過ぎるとエネルギーの振動が生じ，結果的に平衡状態が得られにくくなる．シミュレーションにおいては試行錯誤的に Q の値を決定する．

d. その他の方法

拘束法と類似した次の運動方程式を用いる方法がある[16]．

$$\dot{\boldsymbol{r}}_i = \frac{\boldsymbol{p}_i}{m} \tag{3.48}$$

$$\dot{\boldsymbol{p}}_i = \boldsymbol{f}_i - \xi \boldsymbol{p}_i \tag{3.49}$$

ただし，ξは次式から求める．

$$\dot{\xi} = (k\hat{T} - kT)\eta/Q \tag{3.50}$$

ここに，ηは系の自由度の数，Q は熱慣性パラメータ，Tは設定温度，$\hat{T}$は運動エネルギーより算出した瞬間温度 (current kinetic temperature) である．式 (3.36) のξを用いることにより所望の温度を実現することとは対照的に，式 (3.50) は現在の温度の状態から所望の温度に向かおうとする指向性を与える働きをする．

3.1.3 定圧分子動力学

系の圧力が一定の場合を定圧分子動力学 (constant-pressure MD) という．圧力を一定に保つには，定温分子動力学と同様に，拡張系法[11]と拘束法[17,18]などがある．以下これらの方法について見ていく．

a. 拡 張 系 法

系の圧力を一定に保つには，容積が一定の容器を用いるのではなく，重石を乗せたピストンで容器に蓋をすることで容積の変化を可能にすればよい．この場合系に作用する圧力は一定に保たれる．このような概念を用いた方法が拡張系法である．

ピストンの運動エネルギー K_Vを次のように表せば，

$$K_V = \frac{M\dot{V}^2}{2} \tag{3.51}$$

Mはピストンの仮想的な質量となり，次元は (質量)(長さ)$^{-4}$となることに注意されたい．また，Vは系の体積である．導入した変数 Vに関するポテンシャル・

エネルギーU_Vは，

$$U_V = PV \tag{3.52}$$

となり，Pは設定圧力である．一方，粒子の位置が体積変化に影響されないように，次式の関係式を用いて$\boldsymbol{r}_i$を$\boldsymbol{s}_i$に変数変換すると，

$$\boldsymbol{s}_i = \frac{\boldsymbol{r}_i}{V^{1/3}} \tag{3.53}$$

速度$\boldsymbol{v}_i$は$\boldsymbol{s}_i$を用いて次のように得られる．

$$\boldsymbol{v}_i = V^{1/3}\dot{\boldsymbol{s}}_i + \frac{1}{3}V^{-2/3}\dot{V}\boldsymbol{s}_i \simeq V^{1/3}\dot{\boldsymbol{s}}_i \tag{3.54}$$

したがって，粒子のポテンシャル・エネルギーUおよび運動エネルギーKは，次のように書ける．

$$U = U(\boldsymbol{r}) = U(V^{1/3}\boldsymbol{s}) \tag{3.55}$$

$$K = \sum_i \frac{mv_i^2}{2} = V^{2/3}\sum_i \frac{m\dot{s}_i^2}{2} \tag{3.56}$$

ここに，$\boldsymbol{r}$は$\boldsymbol{r}_1, \boldsymbol{r}_2, \cdots, \boldsymbol{r}_N$をまとめて表したものであり，$\boldsymbol{s}$も同様である．この拡張系のラグランジアン$L_V$が，

$$\begin{aligned} L_V &= K + K_V - (U + U_V) \\ &= V^{2/3}\sum_i m\frac{\dot{s}_i^2}{2} + \frac{M\dot{V}^2}{2} - U(V^{1/3}\boldsymbol{s}) - PV \end{aligned} \tag{3.57}$$

となることから，運動方程式が次のように得られる．

$$\ddot{\boldsymbol{s}}_i = \frac{\boldsymbol{f}_i(V^{1/3}\boldsymbol{s})}{mV^{1/3}} - \frac{2}{3}\dot{\boldsymbol{s}}_i\frac{\dot{V}}{V} \tag{3.58}$$

$$\ddot{V} = (\hat{P} - P)/M \tag{3.59}$$

ここに，$\hat{P}$は瞬間圧力で次のとおりである．

$$\hat{P} = \frac{1}{3V}\sum_i mv_i^2 + \frac{1}{3V}\sum_i \boldsymbol{f}_i \cdot \boldsymbol{r}_i = \frac{2K}{3V} + \frac{1}{3V}\sum_i \boldsymbol{f}_i \cdot \boldsymbol{r}_i \tag{3.60}$$

この系に対するハミルトニアン$H_V(= K + K_V + U + U_V)$が保存されることは容易に示すことができ，さらに，K_Vが非常に小さな値となることが期待

できるので ($\langle K_V\rangle = k\langle T\rangle/2$)，結局エンタルピー$\tilde{H}(= K + U + U_V)$ が一定に保たれるといってもよい．したがって，ある量の式 (3.58) および (3.59) による時間平均は $(N, P, \tilde{H})$ が指定された統計集団，すなわち，$NP\tilde{H}$集団の集団平均に相当するということが言える[11]．

b. 拘 束 法

定温分子動力学の拘束法と同様に，運動方程式は瞬間圧力$\hat{P}$(式 3.60) を強制的に一定値に保つような項を含んだものとなる．すなわち，

$$\dot{\boldsymbol{r}}_i = \boldsymbol{p}_i/m + \chi(\boldsymbol{r},\boldsymbol{p})\boldsymbol{r}_i \tag{3.61}$$

$$\dot{\boldsymbol{p}}_i = \boldsymbol{f}_i - \chi(\boldsymbol{r},\boldsymbol{p})\boldsymbol{p}_i \tag{3.62}$$

$$\dot{V} = 3V\chi(\boldsymbol{r},\boldsymbol{p}) \tag{3.63}$$

ここに，χはラグランジュの未定乗数で，系の膨張収縮の程度を表すものと考えられる．χの表式は次のようにして得られる．式 (3.60) の$\hat{P}$を時間微分し，式 (3.61) と (3.62) を考慮すると次式を得る．

$$\begin{aligned}
3\frac{d\hat{P}}{dt}V + 3\hat{P}\dot{V} &= \sum_i \left\{\frac{2}{m}\boldsymbol{p}_i\cdot\dot{\boldsymbol{p}}_i + \dot{\boldsymbol{r}}_i\cdot\boldsymbol{f}_i + \dot{\boldsymbol{f}}_i\cdot\boldsymbol{r}_i\right\} \\
&= \sum_i \left\{\frac{2}{m}\boldsymbol{p}_i\cdot\dot{\boldsymbol{p}}_i + \dot{\boldsymbol{r}}_i\cdot\boldsymbol{f}_i + \dot{\boldsymbol{r}}_i\cdot\frac{\partial\boldsymbol{f}_i}{\partial\boldsymbol{r}_i}\cdot\boldsymbol{r}_i + \sum_{j(\neq i)}\dot{\boldsymbol{r}}_j\cdot\frac{\partial\boldsymbol{f}_i}{\partial\boldsymbol{r}_j}\cdot\boldsymbol{r}_i\right\} \\
&= -\chi\sum_i \left\{\frac{2}{m}p_i^2 - \boldsymbol{r}_i\cdot\boldsymbol{f}_i - \boldsymbol{r}_i\cdot\frac{\partial\boldsymbol{f}_i}{\partial\boldsymbol{r}_i}\cdot\boldsymbol{r}_i - \sum_{j(\neq i)}\boldsymbol{r}_j\cdot\frac{\partial\boldsymbol{f}_i}{\partial\boldsymbol{r}_j}\cdot\boldsymbol{r}_i\right\} \\
&\quad + \sum_i \left\{\frac{2}{m}\boldsymbol{p}_i\cdot\boldsymbol{f}_i + \left(\frac{1}{m}\boldsymbol{p}_i\cdot\boldsymbol{f}_i + \frac{1}{m}\boldsymbol{p}_i\cdot\frac{\partial\boldsymbol{f}_i}{\partial\boldsymbol{r}_i}\cdot\boldsymbol{r}_i\right) + \sum_{j(\neq i)}\frac{1}{m}\boldsymbol{p}_j\cdot\frac{\partial\boldsymbol{f}_i}{\partial\boldsymbol{r}_j}\cdot\boldsymbol{r}_i\right\}
\end{aligned} \tag{3.64}$$

ここで，式 (A3.53) および次式を考慮すると，

$$\frac{\partial\boldsymbol{f}_i}{\partial\boldsymbol{r}_i} = \sum_{j(\neq i)}\frac{\partial\boldsymbol{f}_{ij}}{\partial\boldsymbol{r}_{ij}},\ \frac{\partial\boldsymbol{f}_i}{\partial\boldsymbol{r}_j} = \frac{\partial\boldsymbol{f}_{ij}}{\partial\boldsymbol{r}_j} = -\frac{\partial\boldsymbol{f}_{ij}}{\partial\boldsymbol{r}_{ij}}\quad (i\neq j) \tag{3.65}$$

$$\frac{\partial}{\partial \boldsymbol{r}_{ij}}(\boldsymbol{r}_{ij}\cdot\boldsymbol{f}_{ij})=\boldsymbol{f}_{ij}+\frac{\partial \boldsymbol{f}_{ij}}{\partial \boldsymbol{r}_{ij}}\cdot\boldsymbol{r}_{ij} \tag{3.66}$$

次の式が得られる．

$$\begin{aligned}
&\sum_i\left(\boldsymbol{r}_i\cdot\boldsymbol{f}_i+\boldsymbol{r}_i\cdot\frac{\partial \boldsymbol{f}_i}{\partial \boldsymbol{r}_i}\cdot\boldsymbol{r}_i+\sum_{j(\neq i)}\boldsymbol{r}_j\cdot\frac{\partial \boldsymbol{f}_i}{\partial \boldsymbol{r}_j}\cdot\boldsymbol{r}_i\right)\\
&=\frac{1}{2}\sum_i\sum_{\substack{j\\(i\neq j)}}\boldsymbol{r}_{ij}\cdot\boldsymbol{f}_{ij}+\sum_i\sum_{\substack{j\\(i\neq j)}}\boldsymbol{r}_i\cdot\frac{\partial \boldsymbol{f}_{ij}}{\partial \boldsymbol{r}_{ij}}\cdot\boldsymbol{r}_i-\sum_i\sum_{\substack{j\\(i\neq j)}}\boldsymbol{r}_j\cdot\frac{\partial \boldsymbol{f}_{ij}}{\partial \boldsymbol{r}_{ij}}\cdot\boldsymbol{r}_i\\
&=\frac{1}{2}\sum_i\sum_{\substack{j\\(i\neq j)}}\boldsymbol{r}_{ij}\cdot\boldsymbol{f}_{ij}+\frac{1}{2}\sum_i\sum_{\substack{j\\(i\neq j)}}\left(\boldsymbol{r}_i\cdot\frac{\partial \boldsymbol{f}_{ij}}{\partial \boldsymbol{r}_{ij}}\cdot\boldsymbol{r}_i+\boldsymbol{r}_j\cdot\frac{\partial \boldsymbol{f}_{ij}}{\partial \boldsymbol{r}_{ij}}\cdot\boldsymbol{r}_j\right)\\
&-\frac{1}{2}\sum_i\sum_{\substack{j\\(i\neq j)}}\left(\boldsymbol{r}_j\cdot\frac{\partial \boldsymbol{f}_{ij}}{\partial \boldsymbol{r}_{ij}}\cdot\boldsymbol{r}_i+\boldsymbol{r}_i\cdot\frac{\partial \boldsymbol{f}_{ij}}{\partial \boldsymbol{r}_{ij}}\cdot\boldsymbol{r}_j\right)\\
&=\frac{1}{2}\sum_i\sum_{\substack{j\\(i\neq j)}}\left(\boldsymbol{r}_{ij}\cdot\boldsymbol{f}_{ij}+\boldsymbol{r}_{ij}\cdot\frac{\partial \boldsymbol{f}_{ij}}{\partial \boldsymbol{r}_{ij}}\cdot\boldsymbol{r}_{ij}\right)\\
&=\frac{1}{2}\sum_i\sum_{\substack{j\\(i\neq j)}}\left\{\boldsymbol{r}_{ij}\cdot\frac{\partial}{\partial \boldsymbol{r}_{ij}}(\boldsymbol{r}_{ij}\cdot\boldsymbol{f}_{ij})\right\}\\
&=-\frac{1}{2}\sum_i\sum_{\substack{j\\(i\neq j)}}x(r_{ij})
\end{aligned} \tag{3.67}$$

ここに，$\boldsymbol{r}_{ij}=\boldsymbol{r}_i-\boldsymbol{r}_j$, $\boldsymbol{f}_{ij}$は粒子 jが粒子 i に及ぼす力，$x(r_{ij})$ は次のとおりである．

$$x(r_{ij})=-\boldsymbol{r}_{ij}\cdot\frac{\partial}{\partial \boldsymbol{r}_{ij}}(\boldsymbol{r}_{ij}\cdot\boldsymbol{f}_{ij})=r_{ij}\frac{d}{dr_{ij}}\left(r_{ij}\frac{du(r_{ij})}{dr_{ij}}\right) \tag{3.68}$$

ただし，u は粒子間ポテンシャルである．同様にして次式が得られる．

$$\sum_i\left(\boldsymbol{p}_i\cdot\boldsymbol{f}_i+\boldsymbol{p}_i\cdot\frac{\partial \boldsymbol{f}_i}{\partial \boldsymbol{r}_i}\cdot\boldsymbol{r}_i+\sum_{j(\neq i)}\boldsymbol{p}_j\cdot\frac{\partial \boldsymbol{f}_i}{\partial \boldsymbol{r}_j}\cdot\boldsymbol{r}_i\right)$$

$$= \frac{1}{2}\sum_{i}\sum_{\substack{j\\(i\neq j)}}\left\{\boldsymbol{p}_{ij}\cdot\frac{\partial}{\partial \boldsymbol{r}_{ij}}(\boldsymbol{r}_{ij}\cdot\boldsymbol{f}_{ij})\right\}$$

$$= \frac{1}{2}\sum_{i}\sum_{\substack{j\\(i\neq j)}}\left\{\frac{\boldsymbol{p}_{ij}\cdot\boldsymbol{r}_{ij}}{r_{ij}^2}\cdot r_{ij}\frac{d}{dr_{ij}}(\boldsymbol{r}_{ij}\cdot\boldsymbol{f}_{ij})\right\}$$

$$= -\frac{1}{2}\sum_{i}\sum_{\substack{j\\(i\neq j)}}\frac{\boldsymbol{p}_{ij}\cdot\boldsymbol{r}_{ij}}{r_{ij}^2}x(r_{ij}) \tag{3.69}$$

ここに，$\boldsymbol{p}_{ij}=\boldsymbol{p}_i-\boldsymbol{p}_j$である．ゆえに，式(3.63)，(3.67)，(3.69)を式(3.64)に代入し，さらに圧力一定なので$\hat{P}=P$および$d\hat{P}/dt=0$を考慮すれば，χが次のように求まる．

$$\chi = \frac{2\sum_{i}\boldsymbol{p}_i\cdot\boldsymbol{f}_i/m-\frac{1}{m}\sum_{i}\sum_{\substack{j\\(i<j)}}(\boldsymbol{r}_{ij}\cdot\boldsymbol{p}_{ij})x(r_{ij})/r_{ij}^2}{2\sum_{i}p_i^2/m+\sum_{i}\sum_{\substack{j\\(i<j)}}x(r_{ij})+9PV} \tag{3.70}$$

このχを用いると，運動方程式(3.61)~(3.63)はエンタルピーおよび圧力一定の条件を満足する．

実際に実験結果と比較するときには，圧力および温度一定の統計集団に対する運動方程式を用いるほうが都合がよい．これは式(3.62)を，

$$\dot{\boldsymbol{p}}_i=\boldsymbol{f}_i-\chi(\boldsymbol{r},\boldsymbol{p})\boldsymbol{p}_i-\xi(\boldsymbol{r},\boldsymbol{p})\boldsymbol{p}_i \tag{3.71}$$

に置き換えることによって達成できる．温度一定の条件$\sum_i\boldsymbol{p}_i\cdot(d\boldsymbol{p}_i/dt)=0$から，

$$\xi+\chi=\sum_{i}\boldsymbol{p}_i\cdot\boldsymbol{f}_i\Bigg/\sum_{i}p_i^2 \tag{3.72}$$

となる．さらに圧力一定の条件から，式(3.72)も考慮すると，χが次式のよう

に得られる．

$$\chi = -\frac{\dfrac{1}{m}\displaystyle\sum_{i}\sum_{\substack{j\\(i<j)}}(\boldsymbol{r}_{ij}\cdot\boldsymbol{p}_{ij})x(r_{ij})/r_{ij}^2}{\displaystyle\sum_{i}\sum_{\substack{j\\(i<j)}}x(r_{ij})+9PV} \tag{3.73}$$

式 (3.73) と (3.72) のχとξを用いた運動方程式 (3.61)，(3.71)，(3.63) によって作成される微視的状態の確率密度は，

$$\delta(\hat{T}-T)\delta(\hat{P}-P)\exp\left\{-(H+\hat{P}V)/k\hat{T}\right\} \tag{3.74}$$

に比例することが証明されており[15]，これは正しくNPT集団に他ならない．

3.2　分子動力学アルゴリズム

シミュレーションの計算アルゴリズムは，基本的にはどのような運動方程式を用いても同様なので，ニュートンの運動方程式の場合について，現在提案されている種々の分子動力学アルゴリズムを見ていく[2,3]．アルゴリズムは大きく分けて剛体分子系と非剛体分子系のアルゴリズムに分類できる．剛体分子系の場合，最初に衝突する粒子間の衝突までの時間を計算し，その時間分全粒子の位置を移動させ，該当の粒子間の衝突処理を行い，また衝突までの時間を求める，という操作を繰り返す[19,20]．一方，非剛体分子系の場合には，一定の時間きざみで全粒子を移動させるステップを繰り返す方法である．後者の場合 Verlet アルゴリズムなど種々のアルゴリズムがある．

3.2.1　剛体分子系のアルゴリズム

剛体分子間のポテンシャル・エネルギー $u(r_{ij})$ は，粒子の直径を d とすれば，

$$u(r_{ij}) = \begin{cases} \infty & (r_{ij} \le d) \\ 0 & (r_{ij} > d) \end{cases} \tag{3.75}$$

のように表され，不連続なポテンシャルである．したがって，次項以後で示す非剛体分子系のアルゴリズムとは異なるものとなる．粒子が速度を変えるのは，

他の粒子もしくは物体表面と衝突するときのみである．したがって，このアルゴリズムでは，2粒子が衝突するまでの時間を求め，その最小値の時間分，系の粒子の運動を進める操作を繰り返すことで，シミュレーションは進行する．ゆえに以下では，系内の任意の粒子 i, jが衝突するまでの時間 t_{ij} と衝突後の速度を求める．衝突前の粒子 i, jの速度を$\boldsymbol{v}_i, \boldsymbol{v}_j$とすると，衝突後の速度$\boldsymbol{v}'_i, \boldsymbol{v}'_j$は運動量およびエネルギー保存則より容易に求まり，次のようになる．

$$\left.\begin{aligned} \boldsymbol{v}'_i &= \boldsymbol{v}_i - \boldsymbol{r}_{ij} b_{ij}/d^2 \\ \boldsymbol{v}'_j &= \boldsymbol{v}_j + \boldsymbol{r}_{ij} b_{ij}/d^2 \end{aligned}\right\} \tag{3.76}$$

ただし，b_{ij}は次のとおりである．

$$b_{ij} = \boldsymbol{v}_{ij} \cdot \boldsymbol{r}_{ij} \tag{3.77}$$

ここに，$\boldsymbol{r}_{ij} = \boldsymbol{r}_i - \boldsymbol{r}_j, \boldsymbol{v}_{ij} = \boldsymbol{v}_i - \boldsymbol{v}_j$であり，式(3.76)に対しては$\boldsymbol{r}_{ij}$は$|\boldsymbol{r}_{ij}| = d$の関係を満足するように取る．衝突するためには2粒子は接近する必要があるので，少なくとも $b_{ij} < 0$ の条件が必要であることがわかる．

粒子 i, jが位置$\boldsymbol{r}_i$と$\boldsymbol{r}_j$にいたとすると，衝突するまでの時間 t_{ij}は，$v_{ij} = |\boldsymbol{v}_{ij}|, r_{ij} = |\boldsymbol{r}_{ij}|$ とすれば，

$$|(\boldsymbol{r}_i + t_{ij}\boldsymbol{v}_i) - (\boldsymbol{r}_j + t_{ij}\boldsymbol{v}_j)|^2 = d^2 \tag{3.78}$$

なる式を t_{ij}について解けば得られる．すなわち，

$$t_{ij} = \frac{-b_{ij} - \{b_{ij}^2 - v_{ij}^2(r_{ij}^2 - d^2)\}^{1/2}}{v_{ij}^2} \tag{3.79}$$

この式からわかるように，$b_{ij}^2 > v_{ij}^2(r_{ij}^2 - d^2)$ および $b_{ij} < 0$ が成り立つときにのみ衝突が生じる．上述のようにして，系内のすべての粒子の組に対する t_{ij}を求め，その最小値 $t_{\min}$がそのステップで全粒子を移動させる時間となる．計算アルゴリズムの主要部を示すと次のようになる．

1. 初期位置$\boldsymbol{r}_i^0$および初期速度$\boldsymbol{v}_i^0$を与える
2. すべての粒子の組に対して衝突するまでの時間 t_{ij}を計算し，その最小値 $t_{\min}$を求める

3. 時間$t_{\min}$後の粒子位置を求める
4. 該当する2粒子の衝突後の速度を求める
5. ステップ2の操作から繰り返す

3.2.2 Verlet アルゴリズム

時間きざみをhとすれば，ニュートンの運動方程式(3.1)の2階の導関数を付録A2で示す2次精度の中央差分で近似すると，次のようになる．

$$\boldsymbol{r}_i(t+h) = 2\boldsymbol{r}_i(t) - \boldsymbol{r}_i(t-h) + h^2\boldsymbol{f}_i(t)/m + O(h^4) \tag{3.80}$$

数式の簡素化のために時間ステップを上付き添字nで表すことにすると，式(3.80)は，

$$\boldsymbol{r}_i^{n+1} = 2\boldsymbol{r}_i^n - \boldsymbol{r}_i^{n-1} + h^2\boldsymbol{f}_i^n/m + O(h^4) \tag{3.81}$$

のように書ける．

速度は位置の時間微分を中央差分で近似した式(A2.5)より得られる．すなわち，

$$\boldsymbol{v}_i^n = (\boldsymbol{r}_i^{n+1} - \boldsymbol{r}_i^{n-1})/2h \tag{3.82}$$

出発値$\boldsymbol{r}_i^0$，$\boldsymbol{r}_i^1$を適当に与えれば，式(3.81)より粒子の位置を追跡していくことができる．これがVerlet アルゴリズム[21)]である．しかしながら，次に示すように，初期状態として粒子の位置と速度を与えることで，シミュレーションを開始することも可能である．式(3.82)と(3.81)から$\boldsymbol{r}_i^{n-1}$を消去すると，

$$\boldsymbol{r}_i^{n+1} = \boldsymbol{r}_i^n + h\boldsymbol{v}_i^n + h^2\boldsymbol{f}_i^n/2m \tag{3.83}$$

この式で$n=0$とすれば，求める$\boldsymbol{r}_i^1$が得られる．すなわち，

$$\boldsymbol{r}_i^1 = \boldsymbol{r}_i^0 + h\boldsymbol{v}_i^0 + h^2\boldsymbol{f}_i^0/2m \tag{3.84}$$

計算アルゴリズムの主要部を示すと次のようになる．

1. 初期位置$\boldsymbol{r}_i^0$および初期速度$\boldsymbol{v}_i^0$を与える
2. $\boldsymbol{r}_i^1$を計算する
3. 時間ステップnの$\boldsymbol{f}_i^n$を計算する

4. 時間ステップ $(n+1)$ の $\boldsymbol{r}_i^{n+1}$ を計算する
5. $(n+1)$ を n としてステップ 3 の操作から繰り返す

Verlet アルゴリズムは初期状態以外ではまったく速度を用いないで粒子を移動させることが特徴であり，そのために速度スケーリング法が適用できないという性質がある．また，速度は式 (3.82) から得られるが，この式では微小時間間隔での位置の差を計算するので，桁落ちに注意しなければならない．さらに，式 (3.81) は誤差のオーダーが $O(h^4)$ であることに注意されたい．

3.2.3 velocity Verlet アルゴリズム

velocity Verlet アルゴリズムは粒子の速度と位置を同じ時間ステップで評価できるように Verlet アルゴリズムを改良したものである[22]．粒子の位置 $\boldsymbol{r}_i^{n+1}$ と速度 $\boldsymbol{v}_i^{n+1}$ をテイラー級数展開し，式 (3.1) を考慮すると，

$$\boldsymbol{r}_i^{n+1} = \boldsymbol{r}_i^n + h\boldsymbol{v}_i^n + \frac{h^2}{2m}\boldsymbol{f}_i^n + \frac{h^3}{6m}\frac{d\boldsymbol{f}_i^n}{dt} + O(h^4) \tag{3.85}$$

$$\boldsymbol{v}_i^{n+1} = \boldsymbol{v}_i^n + \frac{h}{m}\boldsymbol{f}_i^n + \frac{h^2}{2m}\frac{d\boldsymbol{f}_i^n}{dt} + O(h^3) \tag{3.86}$$

式 (3.85) において h^3 以上の項を無視し，式 (3.86) の 1 階微分を式 (A2.3) で示す前進差分で近似すると，次の式が得られる．

$$\boldsymbol{r}_i^{n+1} = \boldsymbol{r}_i^n + h\boldsymbol{v}_i^n + \frac{h^2}{2m}\boldsymbol{f}_i^n + O(h^3) \tag{3.87}$$

$$\boldsymbol{v}_i^{n+1} = \boldsymbol{v}_i^n + \frac{h}{2m}(\boldsymbol{f}_i^{n+1} + \boldsymbol{f}_i^n) + O(h^3) \tag{3.88}$$

計算アルゴリズムの主要部を示すと次のようになる．

1. 初期位置 $\boldsymbol{r}_i^0$ および初期速度 $\boldsymbol{v}_i^0$ を与える
2. 力 $\boldsymbol{f}_i^0$ を計算する
3. 時間ステップ $(n+1)$ の $\boldsymbol{r}_i^{n+1}$ を計算する
4. 時間ステップ $(n+1)$ の $\boldsymbol{f}_i^{n+1}$ を計算する
5. 時間ステップ $(n+1)$ の $\boldsymbol{v}_i^{n+1}$ を計算する
6. $(n+1)$ を n としてステップ 3 の操作から繰り返す

このvelocity Verletアルゴリズムでは，粒子の運動を速度とともに追跡するので，式(3.82)のような方法で速度を算出するに際して生じる桁落ちという問題も生じない．このアルゴリズムの誤差のオーダーは位置と速度ともに$O(h^3)$である．

3.2.4 leapfrogアルゴリズム

次の中央差分近似(付録A2)を用いると，

$$\boldsymbol{v}_i^{n+\frac{1}{2}} = \left(\frac{d\boldsymbol{r}_i}{dt}\right)^{n+\frac{1}{2}} = \frac{\boldsymbol{r}_i^{n+1} - \boldsymbol{r}_i^n}{h} + O(h^2) \tag{3.89}$$

$$\frac{\boldsymbol{f}_i^n}{m} = \left(\frac{d\boldsymbol{v}_i}{dt}\right)^n = \frac{\boldsymbol{v}_i^{n+\frac{1}{2}} - \boldsymbol{v}_i^{n-\frac{1}{2}}}{h} + O(h^2) \tag{3.90}$$

これらの式を変形するとleapfrogアルゴリズム[23)]を次のように得る．

$$\boldsymbol{r}_i^{n+1} = \boldsymbol{r}_i^n + h\boldsymbol{v}_i^{n+\frac{1}{2}} + O(h^3) \tag{3.91}$$

$$\boldsymbol{v}_i^{n+\frac{1}{2}} = \boldsymbol{v}_i^{n-\frac{1}{2}} + \frac{h}{m}\boldsymbol{f}_i^n + O(h^3) \tag{3.92}$$

運動エネルギーの算出に際して，時間ステップnでの速度が必要なときには次式より求める．

$$\boldsymbol{v}_i^n = (\boldsymbol{v}_i^{n+\frac{1}{2}} + \boldsymbol{v}_i^{n-\frac{1}{2}})/2 \tag{3.93}$$

式(3.91)と(3.92)を用いてシミュレーションを実行する場合には出発値$\boldsymbol{r}_i^0$と$\boldsymbol{v}_i^{-1/2}$が必要となるが，$\boldsymbol{v}_i^{-1/2}$を$\boldsymbol{v}_i^0$および$\boldsymbol{r}_i^0$から求められれば，初期状態として位置$\boldsymbol{r}_i^0$と速度$\boldsymbol{v}_i^0$を用いることができる．この式は(3.92)と(3.93)より簡単に得られ，次のとおりである．

$$\boldsymbol{v}_i^{-1/2} = \boldsymbol{v}_i^0 - h\boldsymbol{f}_i^0/2m \tag{3.94}$$

計算アルゴリズムの主要部を示すと次のようになる．

1. 初期位置$\boldsymbol{r}_i^0$および初期速度$\boldsymbol{v}_i^0$を与える
2. $\boldsymbol{v}_i^{-1/2}$を計算する

3. 時間ステップ n での力 $\boldsymbol{f}_i^n$ を計算する
4. 時間ステップ $(n+1/2)$ での速度 $\boldsymbol{v}_i^{n+1/2}$ を計算する
5. 時間ステップ $(n+1)$ の $\boldsymbol{r}_i^{n+1}$ を計算する
6. $(n+1)$ を n としてステップ 3 の操作から繰り返す

このアルゴリズムは時間と速度を別々の時間ステップで評価しながら，粒子の運動を追跡していくのが特徴である．このアルゴリズムの誤差のオーダーは，velocity Verlet アルゴリズムと同様に，位置と速度ともに $O(h^3)$ である．

3.2.5 Beeman アルゴリズム

式 (3.85) の力の 1 階微分を付録 A2 で示す後退差分で近似し整理すると，

$$\boldsymbol{r}_i^{n+1} = \boldsymbol{r}_i^n + h\boldsymbol{v}_i^n + \frac{h^2}{6m}(4\boldsymbol{f}_i^n - \boldsymbol{f}_i^{n-1}) + O(h^4) \tag{3.95}$$

速度の式 (3.86) において，1 階微分を次のように前進差分と後退差分の結合形で表せば，

$$\frac{d\boldsymbol{f}_i^n}{dt} = \frac{1}{3}\left(2\frac{\boldsymbol{f}_i^{n+1} - \boldsymbol{f}_i^n}{h} + \frac{\boldsymbol{f}_i^n - \boldsymbol{f}_i^{n-1}}{h}\right) + O(h) \tag{3.96}$$

次の式が得られる．

$$\boldsymbol{v}_i^{n+1} = \boldsymbol{v}_i^n + \frac{h}{6m}(2\boldsymbol{f}_i^{n+1} + 5\boldsymbol{f}_i^n - \boldsymbol{f}_i^{n-1}) + O(h^3) \tag{3.97}$$

式 (3.95) と (3.97) を用いて，粒子の位置と速度を追跡していくのが Beeman アルゴリズム[24)]である．初期状態として $\boldsymbol{r}_i^0$ および $\boldsymbol{v}_i^0$ を与え，$\boldsymbol{f}_i^{-1}$ は $\boldsymbol{f}_i^{-1} = \boldsymbol{f}_i^0$ としてシミュレーションを開始する．

計算アルゴリズムの主要部を示すと次のようになる．

1. 初期位置 $\boldsymbol{r}_i^0$ および初期速度 $\boldsymbol{v}_i^0$ を与える
2. 力 $\boldsymbol{f}_i^0$ すなわち $\boldsymbol{f}_i^{-1}$ を計算する
3. 時間ステップ $(n+1)$ の $\boldsymbol{r}_i^{n+1}$ を計算する
4. 時間ステップ $(n+1)$ の $\boldsymbol{f}_i^{n+1}$ を計算する
5. 時間ステップ $(n+1)$ の $\boldsymbol{v}_i^{n+1}$ を計算する
6. $(n+1)$ を n としてステップ 3 の操作から繰り返す

Beeman アルゴリズムは他のアルゴリズムと比較して，多くの計算機のメモリーが必要となる．また，位置の式は velocity Verlet アルゴリズムよりも高精度で $O(h^4)$ であり，速度は $O(h^3)$ の精度である．

3.2.6 Gear アルゴリズム

このアルゴリズムは予測子修正子法 (predictor-corrector method) であり，注目する物理量の数に従って用いる式が異なるが，ここでは，4-value Gear アルゴリズム[25,26]を取り上げる．いま，粒子の位置 $\boldsymbol{r}_i^n$ の時間に関する 1 階，2 階，3 階の導関数を $\boldsymbol{v}_i^n$，$\boldsymbol{a}_i^n$，$\boldsymbol{b}_i^n$ とすれば，ステップ $(n+1)$ での値をテイラー級数展開すると，

$$\left.\begin{aligned}
{}^p\boldsymbol{r}_i^{n+1} &= \boldsymbol{r}_i^n + h\boldsymbol{v}_i^n + h^2\boldsymbol{a}_i^n/2 + h^3\boldsymbol{b}_i^n/6 + O(h^4) \\
{}^p\boldsymbol{v}_i^{n+1} &= \boldsymbol{v}_i^n + h\boldsymbol{a}_i^n + h^2\boldsymbol{b}_i^n/2 + O(h^3) \\
{}^p\boldsymbol{a}_i^{n+1} &= \boldsymbol{a}_i^n + h\boldsymbol{b}_i^n + O(h^2) \\
{}^p\boldsymbol{b}_i^{n+1} &= \boldsymbol{b}_i^n + O(h)
\end{aligned}\right\} \tag{3.98}$$

これが予測子であり，上付き添字 p が付してある．後に現れる修正子に対しては上付き添字 c を付すことにする．ここで，数式の簡素化のために $\boldsymbol{r}_i$，$h\boldsymbol{v}_i$，$h^2\boldsymbol{a}_i/2$，$h^3\boldsymbol{b}_i/6$ を $\boldsymbol{x}_0$，$\boldsymbol{x}_1$，$\boldsymbol{x}_2$，$\boldsymbol{x}_3$ で表せば，式 (3.98) は次のように書き直せる．

$$\begin{bmatrix} {}^p\boldsymbol{x}_0^{n+1} \\ {}^p\boldsymbol{x}_1^{n+1} \\ {}^p\boldsymbol{x}_2^{n+1} \\ {}^p\boldsymbol{x}_3^{n+1} \end{bmatrix} = \begin{bmatrix} 1 & 1 & 1 & 1 \\ 0 & 1 & 2 & 3 \\ 0 & 0 & 1 & 3 \\ 0 & 0 & 0 & 1 \end{bmatrix} \begin{bmatrix} \boldsymbol{x}_0^n \\ \boldsymbol{x}_1^n \\ \boldsymbol{x}_2^n \\ \boldsymbol{x}_3^n \end{bmatrix} \tag{3.99}$$

修正子は次式から計算される．

$$\begin{bmatrix} {}^c\boldsymbol{x}_0^{n+1} \\ {}^c\boldsymbol{x}_1^{n+1} \\ {}^c\boldsymbol{x}_2^{n+1} \\ {}^c\boldsymbol{x}_3^{n+1} \end{bmatrix} = \begin{bmatrix} {}^p\boldsymbol{x}_0^{n+1} \\ {}^p\boldsymbol{x}_1^{n+1} \\ {}^p\boldsymbol{x}_2^{n+1} \\ {}^p\boldsymbol{x}_3^{n+1} \end{bmatrix} + \begin{bmatrix} c_0 \\ c_1 \\ c_2 \\ c_3 \end{bmatrix} \Delta\boldsymbol{x} \tag{3.100}$$

ここに，c_0，c_1，c_2，c_3 は Gear 修正子係数であり，$\Delta\boldsymbol{x}$ は次に示すとおりであるが，この値は運動方程式の型によって異なる．

表 3.1 1 階微分方程式の場合の Gear 修正子係数

Values	c_0	c_1	c_2	c_3	c_4	c_5
3	5/12	1	1/2			
4	3/8	1	3/4	1/6		
5	251/720	1	11/12	1/3	1/24	
6	95/288	1	25/24	35/72	5/48	1/120

運動方程式が次のような 1 階微分方程式の場合には,

$$\dot{\boldsymbol{r}}_i = g(\boldsymbol{r}) \tag{3.101}$$

式 (3.99) で求めた予測子${}^p\boldsymbol{x}_0^{n+1}$を使って${}^c\boldsymbol{x}_1^{n+1}$を式 (3.101) より求め, $\Delta\boldsymbol{x} = {}^c\boldsymbol{x}_1^{n+1} - {}^p\boldsymbol{x}_1^{n+1}$として修正子を式 (3.100) から算出する. この場合の Gear 修正子係数を表 3.1 に示す.

運動方程式が,

$$\ddot{\boldsymbol{r}}_i = g(\boldsymbol{r}) \tag{3.102}$$

のような 2 階微分方程式の場合には, $\Delta\boldsymbol{x} = {}^c\boldsymbol{x}_2^{n+1} - {}^p\boldsymbol{x}_2^{n+1}$と取る. ここに, ${}^c\boldsymbol{x}_2^{n+1}$は${}^p\boldsymbol{x}_0^{n+1}$を上式に代入した値である. Gear 修正子係数は表 3.2 に示すとおりである.

運動方程式が式 (3.102) のような 2 階微分方程式に対する, $\boldsymbol{x}_0$, $\boldsymbol{x}_1$, $\boldsymbol{x}_2$, $\boldsymbol{x}_3$ の 4 変数を用いた 4 value Gear アルゴリズムの計算アルゴリズムの主要部を次に示す.

1. 初期位置$\boldsymbol{r}_i^0$および初期速度$\boldsymbol{v}_i^0$を与える, すなわち$\boldsymbol{x}_0^0$, $\boldsymbol{x}_1^0$を与える
2. $\boldsymbol{x}_2^0$を運動方程式を用いて計算する
3. 運動方程式を時間微分し, その式を使って$\boldsymbol{x}_3^0$を計算する
4. 時間ステップ $(n+1)$ での予測子${}^p\boldsymbol{x}_0^{n+1}, {}^p\boldsymbol{x}_1^{n+1}, {}^p\boldsymbol{x}_2^{n+1}, {}^p\boldsymbol{x}_3^{n+1}$を計算する
5. 運動方程式を用いて${}^c\boldsymbol{x}_2^{n+1}$を計算する
6. $\Delta\boldsymbol{x}$を計算する
7. 修正子を計算する
8. $(n+1)$ を n としてステップ 4 の操作から繰り返す

表 3.2　2 階微分方程式の場合の Gear 修正子係数

Values	c_0	c_1	c_2	c_3	c_4	c_5
3	0	1	1			
4	1/6	5/6	1	1/3		
5	19/120	3/4	1	1/2	1/12	
6	3/20	251/360	1	11/18	1/6	1/60

3.3　各分子動力学アルゴリズムの安定性と精度的な特徴

アルゴリズムの精度的な特徴は，調和振動子[27)]や 2 粒子の衝突[28)]といった非常に単純な系の場合には，先に示した差分近似による誤差のオーダーがそのまま反映したアルゴリズムの精度が得られている．ところが，実際行うシミュレーションはそのような単純な系ではなく，多粒子系のような複雑な系を取り扱う場合がほとんどである．したがって，多粒子系に対するアルゴリズムの安定性や精度的な特徴を把握することは非常に重要である．以下においては，実際にシミュレーションを行って得た結果[29, 30)]について検討する．

シミュレーションに際して設定した初期条件，境界条件および諸量は以下のとおりである．シミュレーション領域は立方体とし，境界条件は通常どおり周期境界条件を用いる．モデル分子は第 2.3 節で説明したレナード・ジョーンズ分子である．所望の条件を満足するように平衡化の処理を行った後，本シミュレーションに入る．分子数は特に断らない限り $N = 108$ とし，分子間相互作用のカットオフ半径は $r_c^* = 2.5$ を用いた．

系が発散に至る代表的な場合を図 3.1 に示す．図 3.1 は velocity Verlet アルゴリズムを用い，数密度 $n^* = 0.6$，温度 $T^* = 15$，時間きざみ $h^* = 0.006$ に対するものであり，図 3.1(a) は時間ステップにおける瞬間温度 $\hat{T}^*$ の経時変化，図 3.1(b) は分子の最高速度 v_{max}^* の経時変化，図 3.1(c) は速度が $3c_m^*$ よりも大きい分子の数 N_v の経時変化を示したものである．ただし，c_m^* は付録 A1 で示した最確熱速度で $c_m^* = (2T^*)^{1/2}$ である．まず図 3.1(a) より，時間 $t^* = 0$ の設定温度から時間の進行とともに温度は徐々に増していき，ある時間に突然指数関数的に急激な発散へと至ることがわかる．図 3.1(b) においても同様のことが言える．すなわち，系内の分子の最高速度は初期のころはマクスウェル分布

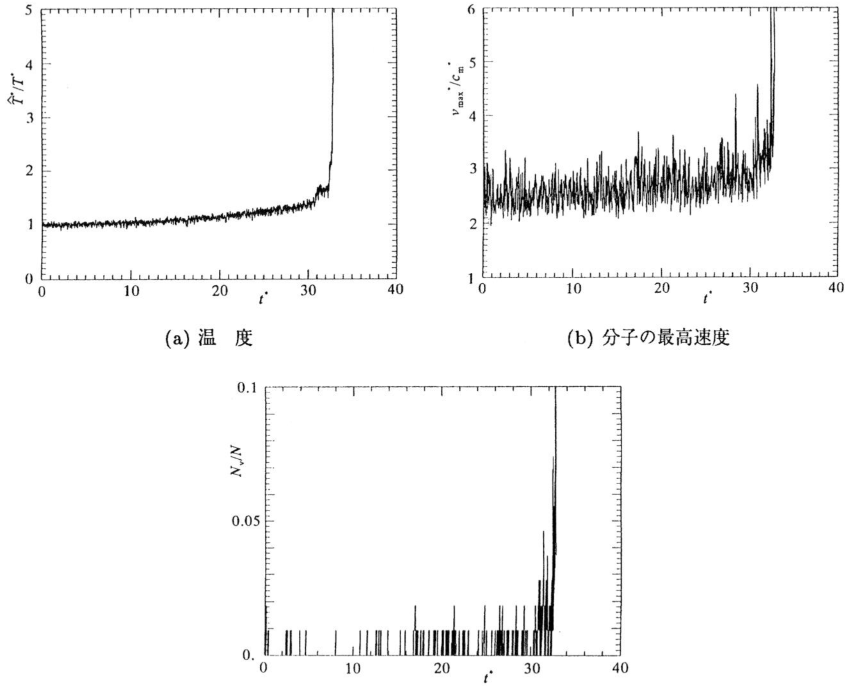

(a) 温　度

(b) 分子の最高速度

(c) 高速度を有する分子の割合

図 3.1　発散過程 (n^*=0.6, T^*=15, h^*=0.006)

に従った確率で生じているが，時間の進行とともにより大きな最高速度を有する分子が現れるようになり，ある時間に突然指数関数的発散状態に至ってしまう．さらに，図 3.1(c) より，初期のころは大きな速度を有する分子の割合は非常に少ないけれども，時間の進行とともに徐々に増していき，$t^* = 17$ 前後からそのような分子が系に頻繁に存在するようになる．しかもその割合が大きくなり，それからある時間にその割合が指数関数的に増加して発散へと至る．なお，系の発散は，大き過ぎる時間きざみのために，分子同士が物理的に生じ得る以上に重なり合うことから生じることは言うまでもない．以上の結果より，系の発散像が以下のようにわかる．系の分子の速度は全体的に時間の進行とともに徐々に大きくなっていき，その結果大きな速度を有する分子も増えていく．大

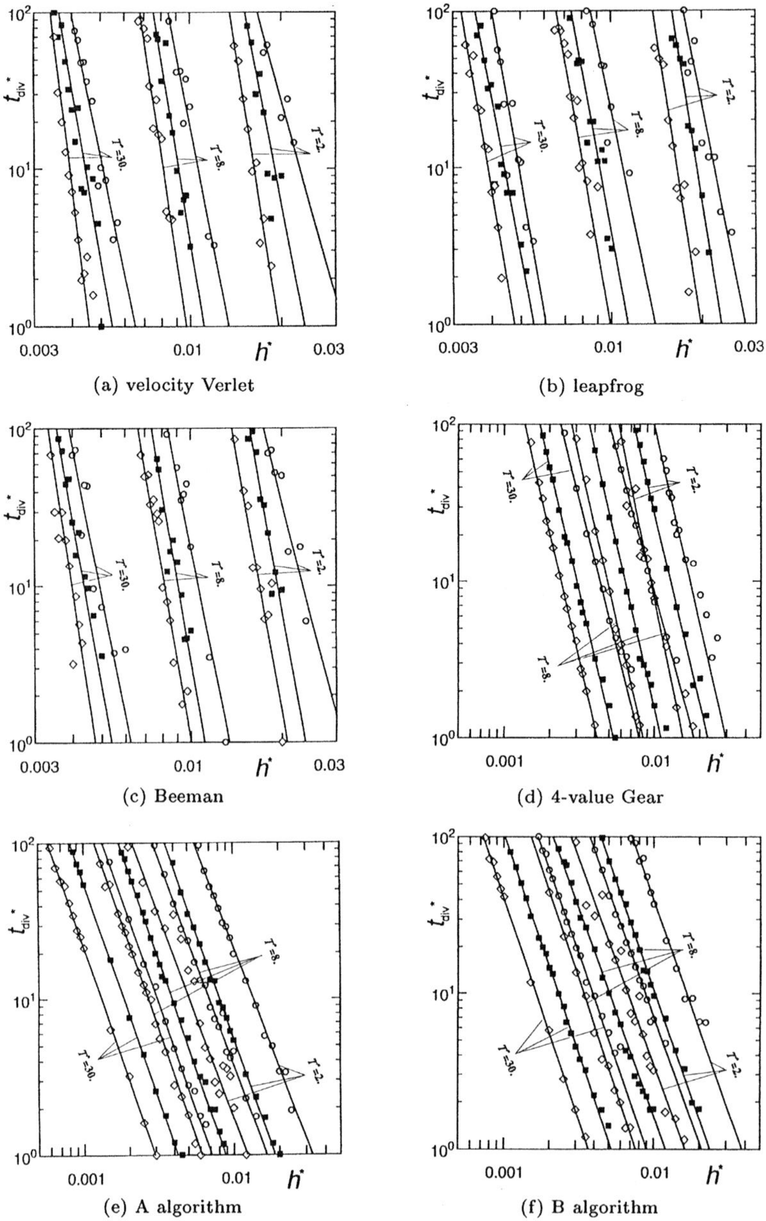

図 3.2　発散時間と時間きざみの関係 (白丸:n^*=0.2, 黒四角:n^*=0.6, 白菱形:n^*=1.0)

表 3.3 発散時間が $t^*_{div} = 100$ となる時間きざみ h^* の値 ($n^* = 0.6$)

	h^* at $t^*_{div} = 100$		
	for $T^* = 2$	for $T^* = 8$	for $T^* = 30$
velocity Verlet	1.52×10^{-2}	7.54×10^{-3}	3.62×10^{-3}
leapfrog	1.60×10^{-2}	7.38×10^{-3}	3.55×10^{-3}
Beeman	1.57×10^{-2}	7.38×10^{-3}	3.55×10^{-3}
4-value Gear	7.29×10^{-3}	3.65×10^{-3}	1.72×10^{-3}
A algorithm	3.50×10^{-3}	1.72×10^{-3}	8.09×10^{-4}
B algorithm	4.41×10^{-3}	2.12×10^{-3}	1.02×10^{-3}

きな速度を有する分子の割合が増えていくと系の分子全体の速度の底上げをする．そうするとより大きな速度を有する分子の割合がさらに増える．このような相乗効果により，系は徐々に不安定になっていき，ある時間に突然急激な指数関数的発散へと至る．このような発散像は，他の数密度や温度，時間きざみの場合についても同様である．さらに，velocity Verlet アルゴリズムの他に，leapfrog アルゴリズムや Beeman アルゴリズムでもこの発散像は共通であるが，一方，4-value Gear アルゴリズムや後に示す A アルゴリズムおよび B アルゴリズムにおいては，逆に瞬間温度が時間の経過とともにゆらぎながら減小していく過程が得られている．このように，アルゴリズムによって時間経過に対する瞬間温度の挙動が異なる．

次に，系が発散に至る発散時間 t^*_{div} と時間きざみ h^* との関係を，各種アルゴリズムに対して調べた結果を図 3.2 に示す．また，アルゴリズム同士の比較を容易にするために，発散時間が $t^*_{div} = 100$ となるときの時間きざみ h^* を，数密度 $n^* = 0.6$ に対して，改めて表 3.3 にまとめて示す．先に述べたように，アルゴリズムによって時間経過に対する瞬間温度の挙動が異なるので，ここでは発散時間を次のように定義した．すなわち，0.2 無次元時間間隔での瞬間温度の平均値が，設定温度から 30%逸脱した時点の時間を発散時間とみなす．図 3.2 や表 3.3 はこのようにして定義した発散時間の結果である．

図中の A アルゴリズムと B アルゴリズムは次のとおりである．位置に関しては式 (3.95) を用い，速度に関しては式 (3.88) を用いる．すなわち，

$$\boldsymbol{r}_i^{n+1} = \boldsymbol{r}_i^n + h\boldsymbol{v}_i^n + \frac{h^2}{6m}(4\boldsymbol{f}_i^n - \boldsymbol{f}_i^{n-1}) + O(h^4) \qquad (3.103)$$

$$\boldsymbol{v}_i^{n+1} = \boldsymbol{v}_i^n + \frac{h}{2m}(\boldsymbol{f}_i^{n+1} + \boldsymbol{f}_i^n) + O(h^3) \tag{3.104}$$

このアルゴリズムを A アルゴリズムと呼ぶことにする．このアルゴリズムは，位置と速度の両式とも，Beeman アルゴリズムと同精度であることに注意されたい．一方，式 (3.86) において $O(h^3)$ の項を残し，力の 1 階微分と 2 階微分を中央差分で近似すると，速度の式が次のように得られる．

$$\boldsymbol{v}_i^{n+1} = \boldsymbol{v}_i^n + \frac{h}{12m}\{5\boldsymbol{f}_i^{n+1} + 8\boldsymbol{f}_i^n - \boldsymbol{f}_i^{n-1}\} + O(h^4) \tag{3.105}$$

この速度の式と位置の式 (3.95) を用いるアルゴリズムを B アルゴリズムと呼ぶ．このアルゴリズムは速度の式が既存のアルゴリズムよりも高精度となっていることが特徴である．

どのアルゴリズムに関しても次のことが言える．両軸を対数に取った場合，時間きざみと発散時間は直線関係でよく表せる．また，数密度が大きくなるほど，あるいは，温度が高くなるほど，系は発散しやすくなる．すなわち，このような状況下でのシミュレーションに際しては，より小さな時間きざみを用いなければならない．図 3.2 の他に表 3.3 を参考にすると，次のような各アルゴリズムの特徴が明らかとなる．velocity Verlet アルゴリズム，leapfrog アルゴリズムおよび Beeman アルゴリズムは，実用的な意味においてほぼ同一の時間きざみと発散時間の関係を示している．これらのアルゴリズムは，明らかに 4-value Gear アルゴリズムなどと比較すると，同一の時間きざみに対して長い発散時間を与えている．すなわち，より大きな時間きざみに対して，発散しにくいアルゴリズムと言うことができる．A アルゴリズムと B アルゴリズムは，4-value Gear アルゴリズムよりもさらに一段と劣ったアルゴリズムであることは明らかである．A アルゴリズムの場合，位置は Beeman アルゴリズムの位置の式，速度は velocity Verlet アルゴリズムの速度の式を組み合わせたものとなっているが，Beeman アルゴリズムや velocity Verlet アルゴリズムが優れた特徴を示すのに対し，A アルゴリズムがこのように発散しやすいアルゴリズムとなってしまうのは非常に興味深い．4-value Gear アルゴリズムは予測子修正子法であり，velocity Verlet アルゴリズムなどよりも，理論上は高精度のアルゴリズムであるが，安定性に関してはかなり劣ること，また，Beeman アルゴリズムの位置の式が velocity Verlet アルゴリズムなどより高精度にもかかわらず，安定性に関しては，velocity Verlet アルゴリズムや leapfrog アルゴリズムとほとんど同じであることを考慮に入れると，理論上の高精度とアルゴリズムの安定性の特徴は別問題であることがわかる．このことは A アルゴリズムや B アルゴリズムについても当てはまる．

系の全エネルギーのゆらぎについて論じる．第 3.2 節で示した各アルゴリズムは小正準分子動力学アルゴリズムである．したがって，系の運動エネルギーとポテンシャル・エネルギーの和 E^*_{TOT} は保存されなければならない．ゆえに，アルゴリズムの精度面を比較検討するために，系の全エネルギーのゆらぎの集団平均 $\langle \delta E^{*2}_{TOT} \rangle^{1/2}$ をここでは問題にする．ただし，

$$\langle \delta E^{*2}_{TOT} \rangle = \langle E^{*2}_{TOT} \rangle - \langle E^*_{TOT} \rangle^2 \tag{3.106}$$

ここに，$\langle E^*_{TOT} \rangle$ は系の全エネルギーを集団平均した値である．

数密度を $n^* = 0.6$，温度を $T^* = 2,8$ と取った場合の結果を図 3.3 に示す．図 3.3(a) と (b) より，明らかにエネルギー保存に関しても，velocity Verlet アルゴリズム，leapfrog アルゴリズムおよび Beeman アルゴリズムは，他のアルゴリズムと比較して，非常に優れたほぼ同一の特徴を示していることがわかる．

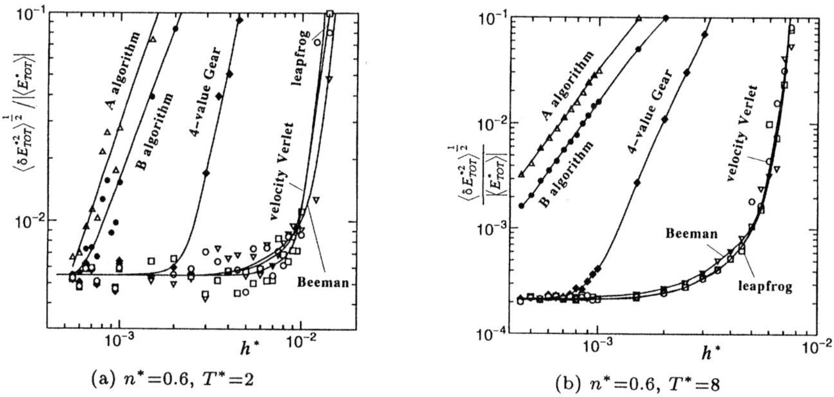

図 3.3 系の全エネルギーのゆらぎ
(白丸:velocity Verlet, 四角:leapfrog, 下三角:Beeman, 黒菱形:4-value Gear, 三角:A algorithm, 黒丸:B algorithm)

これらのアルゴリズムでは，より大きな時間きざみまでエネルギーのゆらぎが小さく抑えられている．一方，4-value Gear アルゴリズムでは，これら3者のアルゴリズムに対して理論上は高精度となっているにもかかわらず，小さな時間きざみに対してより小さいゆらぎ値を与えるわけではなく，逆に，時間きざみを大きくしていくと，leapfrog アルゴリズムなどと比較して，より小さな時間きざみから大きなエネルギーのゆらぎを与えるようになってしまう．このように，理論上の精度面にもかかわらず，エネルギーの保存に関しては，ここで行った時間きざみの範囲では，改善されないことがわかる．A アルゴリズムおよび B アルゴリズムの結果は，概略的に言って約一桁小さな時間きざみが，leapfrog アルゴリズムなどで得たエネルギーのゆらぎ値を与えているので，実用的なアルゴリズムとは言いがたいことがわかる．

表 3.3 より，leapfrog アルゴリズムの場合，発散時間が $t^*_{div} = 100$ となる時間きざみが，$T^* = 2, 8$ に対して，$h^* \simeq 1.6 \times 10^{-2}, 7.4 \times 10^{-3}$ となるが，一方，エネルギーのゆらぎが一定値に落ち着く時間きざみは，$h^* \simeq 2 \times 10^{-3}, 1 \times 10^{-3}$ である．同様に，4-value Gear アルゴリズムの場合，発散時間が $t^*_{div} = 100$ となる時間きざみが $h^* \simeq 7.3 \times 10^{-3}, 3.7 \times 10^{-3}$ に対して，一定値に落ち着く時間きざみは，$h^* \simeq 1 \times 10^{-3}, 5 \times 10^{-4}$ となる．このように，アルゴリズムが発散せず，しかも十分な精度を有するためには，概略的に，対象とする時間を発散時間として与える時間きざみよりも，ほぼ一桁小さな時間きざみを用いればよい．

以上の結果より，velocity Verlet アルゴリズム，leapfrog アルゴリズムおよび Beeman アルゴリズムが非常に優れたアルゴリズムと言うことができる．これらのアルゴリズムはほぼ同一の発散時間と時間きざみの関係およびエネルギーのゆらぎの特性を有している．しかしながら，Beeman アルゴリズムが力に関して多くのメモリーを必要とすること，ならびに，leapfrog アルゴリズムでは位置と速度が異なる時間ステップの値を計算することを考慮すると，最も優れたアルゴリズムは velocity Verlet アルゴリズムであり，次が leapfrog アルゴリズム，その次が Beeman アルゴリズムというような順番付けが可能である．これら3者のアルゴリズムと比較すると，小さな時間きざみでも発散しやすく，またアルゴリズムの複雑さなどにより，4-value Gear アルゴリズムは，かなり劣ったアルゴリズムと言える．今回検討したAアルゴリズムおよびBアルゴリズムは，4-value Gearアルゴリズムよりもさらに劣っており，シミュレーションで用いるには実用的でないアルゴリズムである．

文　　献

1) J.M. Haile, "Molecular Dynamics Simulation: Elementary Methods", John Wiley & Sons, New York (1992).
2) M.P. Allen and D.J. Tildesley, " Computer Simulation of Liquids", Clarendon Press, Oxford (1987).
3) D.W. Heermann, " Computer Simulation Methods in Theoretical Physics", 2nd ed., Springer-Verlag, Berlin (1990).
4) G. Ciccotti and W.G. Hoover (eds.), " Molecular-Dynamics Simulations of Statistical-Mechanical Systems", North-Holland, Amsterdam (1986).
5) 上田　顕, " コンピュータシミュレーション", 朝倉書店 (1990).
6) 岡田　勲・大澤映二編, " 分子シミュレーション入門", 海文堂 (1989).
7) 田中　實・山本良一編, " 計算物理学と計算化学", 海文堂 (1988).
8) 河村雄行, " パソコン分子シミュレーション", 海文堂 (990).
9) 原島　鮮, " 力学", 第12章, 裳華房 (1985).
10) J.M. Haile and S. Gupta, "Extensions of Molecular Dynamics Simulation Method. II. Isothermal Systems", J. Chem. Phys., 79(1983), 3067.
11) H.C. Anderson, " Molecular Dynamics Simulations at Constant Pressure and/or Temperature", J. Chem. Phys., 72(1980), 2384.
12) W.G. Hoover, et al., " High Strain Rate Plastic Flow Studied via Nonequilibrium Molecular Dynamics", Phys. Rev. Lett., 48(1982), 1818.
13) D.J. Evans, " Computer Experiment for Nonlinear Thermodynamics of Couette Flow", J. Chem. Phys., 78(1983), 3297.
14) S. Nose, " A Molecular Dynamics Method for Simulations in the Canonical Ensemble", Molec. Phys., 52(1984), 255.
15) D.J. Evans and G.P. Morriss, " The Isothermal Isobaric Molecular Dynamics Ensemble", Phys. Lett. A, 98(1983), 433.
16) W.G. Hoover, " Canonical Dynamics: Equilibrium Phase-Space Distributions", Phys. Rev. A, 31(1985), 1695.
17) D.J. Evans and G.P. Morriss, "Isothermal Isobaric Molecular Dynamics", Chem. Phys., 77(1983), 63.
18) D.J. Evans and G.P. Morriss, " Non-Newtonian Molecular Dynamics", Comput. Phys. Rep., 1(1984), 297.
19) B.J. Alder and T.E. Wainwright, " Studies in Molecular Dynamics. I. General Method", J. Chem. Phys., 31(1959), 459.
20) B.J. Alder and T.E. Wainwright, " Studies in Molecular Dynamics. II. Behaviour

of a Small Number of Elastic Spheres", J. Chem. Phys., 33(1960), 1439.
21) L. Verlet, "Computer Experiments on Classical Fluids. I. Thermodynamical Properties of Lennard-Jones Molecules", Phys. Rev., 159(1967), 98.
22) W.C. Swope, et al., "A Computer Simulation Method for the Calculation of Equilibrium Constants for the Formation of Physical Clusters of Molecules: Application to Small Water Clusters", J. Chem. Phys., 76(1982), 637.
23) R.W. Hockney, "The Potential Calculation and Some Applications", Methods Comput. Phys., 9(1970), 136.
24) D. Beeman, "Some Multistep Methods for Use in Molecular Dynamics Calculations", J. Comput. Phys., 20(1976), 130.
25) C.W. Gear, "The Numerical Integration of Ordinary Differential Equations of Various Orders", Report ANL 7126, Argonne National Laboratory (1966).
26) C.W. Gear, "Numerical Initial Value Problems in Ordinary Differential Equations", Prentice-Hall, Englewood Cliffs, NJ (1971).
27) H.J.C. Berendsen and W.F. van Gunsteren, "Practical Algorithms for Dynamic Simulations", in Molecular-Dynamics Simulation of Statistical-Mechanical Systems (edited by G. Ciccotti and W.G. Hoover), pp.43-65, North-Holland, Amsterdam (1986).
28) J.M. Haile, "Molecular Dynamics Simulations: Elementary Methods", Chap.4, John Wiley & Sons, New York (1992).
29) 佐藤　明, "分子動力学シミュレーションに用いられる計算アルゴリズムの安定性の検討 (第1報, velocity Verlet アルゴリズム)", 日本機械学会論文集 (B 編), 60(1994), 9.
30) 佐藤　明, "分子動力学シミュレーションに用いられる計算アルゴリズムの安定性の検討 (第2報, 各種アルゴリズムの場合)", 日本機械学会論文集 (B 編), 61(1995), 933.

4

シミュレーション技法

4.1　粒子の初期配置と初期速度

実際のシミュレーションは有限のシミュレーション領域で行われる．シミュレーション領域としては，立方体や直方体に取ることが非常に多い．立方体のシミュレーション領域の場合，最密充填格子の一つである面心立方格子状に配置するのが通常である．直方体の場合も類似の格子状に配置することができる．このような初期位置は気体領域だけでなく，液体や固体領域の初期状態としても用いることができるので非常に有用である．なお，固体の結晶構造を扱う場合は注意を要し，その結晶構造が取る格子状に粒子を配置する必要がある．

以上のように規則的に配置した粒子の初期状態は，シミュレーションの進行とともに，非常に速やかに熱力学的平衡状態へと推移する．これはモンテカルロ・シミュレーションおよび分子動力学シミュレーションに共通の特徴であり，このことについて後に詳しく見ることにする．

熱力学的平衡状態にある系の場合，粒子の速度はマクスウェル分布 (式 (A1.1)) となる．したがって，[0,1] に分布する一様乱数列を用いて，任意の粒子の速度 $\boldsymbol{v}_i = (v_{ix}, v_{iy}, v_{iz})$ を式 (A4.5) より次のように得る．

$$\left.\begin{aligned} v_{ix} &= \left(-2\frac{kT}{m}\ln R_j\right)^{1/2}\cos 2\pi R_{j+1} \\ v_{iy} &= \left(-2\frac{kT}{m}\ln R_{j+2}\right)^{1/2}\cos 2\pi R_{j+3} \\ v_{iz} &= \left(-2\frac{kT}{m}\ln R_{j+4}\right)^{1/2}\cos 2\pi R_{j+5} \end{aligned}\right\} \tag{4.1}$$

ここに，R_j等は一様乱数列から取り出した乱数である．このようにして全粒子の速度を設定すれば，結果的に粒子の速度はマクスウェル分布に近い分布を与えるが，粒子数Nが有限なので厳密に等しくなることはない．また，全粒子の運動量の和すなわち系の運動量はほぼゼロにはなっているが，十分な精度でゼロになっているとは限らない．さらに，温度もほぼ所望の温度になってはいるが，初期状態が規則的に与えられている場合，シミュレーションの進行とともに大きく変化する可能性がある．したがって，本シミュレーションに入る前に，所望の設定条件を満足するように平衡化の作業が必要である．平衡化の作業は分子動力学シミュレーションでは必須である．平衡化の作業については次節で示す．

小正準分子動力学の場合の velocity Verlet アルゴリズムを用いて，実際にシミュレーションを行うことにより，粒子の初期状態がどのように平衡状態へと推移していくかを図 4.1 と 4.2 に示す．用いたモデル分子はレナード・ジョーンズ分子である．粒子の初期状態は前述の面心立方格子を用い，粒子の初期速度は式 (4.1) に従って設定した．系の平衡状態への推移を見るためには，ボルツマンのH関数や秩序パラメータなどの種々の量がモニターとして用いられているが[1,2]，ここでは，系のポテンシャル・エネルギーUや運動エネルギーKに着目して[3]その推移状態を調べた．図中のE^*_{TOT}は$E^*_{TOT}=K^*+U^*$で系全体のエネルギーを意味する．用いた時間きざみは$h^*=0.002$，粒子間相互作用のカットオフ半径は$r^*_{coff}=3.5$と取っている．図 4.1 は温度を$T^*=1.3$に取った場合，図 4.2 は$T^*=5.0$と取った場合の結果である．ただし，どちらの場合も粒子数および数密度は$N=500, n^*=0.6$と同一である．モンテカルロ・シミュレーションと対応させて，1 時間ステップを 1MD ステップと呼ぶことがあり，これが横軸に取ってある．両図から次のことがわかる．運動エネルギーと温度が式 (2.8) の関係にあることを考慮すると，一様乱数によって設定した初期速度から得られる瞬間温度$\hat{T}^*$は，設定温度T^*に非常によく一致していることがわかる．このシミュレーションでは温度を設定温度に修正する操作は一切行っていないので，初期状態から平衡状態へと収束した場合には，平均温度$\langle\hat{T}^*\rangle$は設定温度と非常に異なってしまうことがわかる．例えば，図 4.2 の場合$\langle\hat{T}^*\rangle\simeq 4$のように低い温度を与えている．時間ステップが進行すると，運動エ

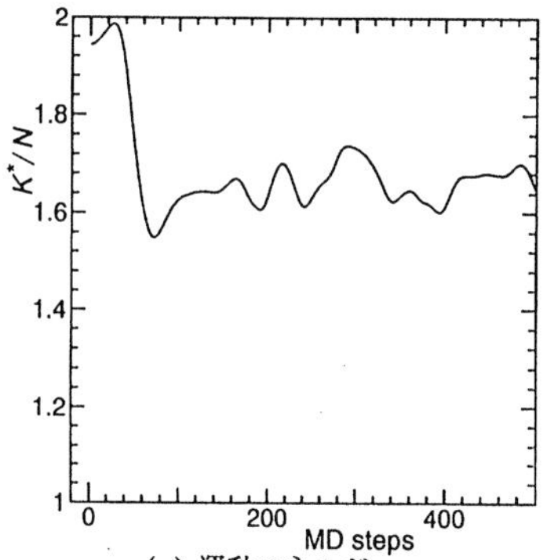

(a) 運動エネルギー

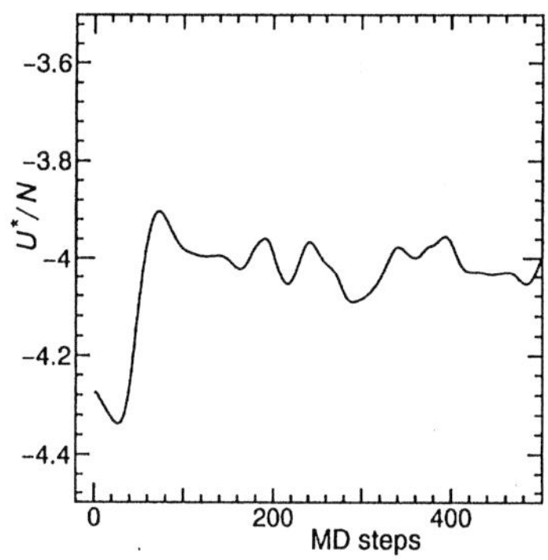

(b) 相互作用のエネルギー

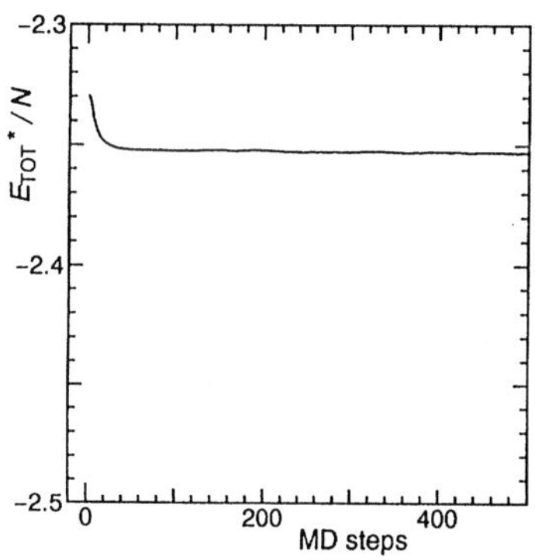

(c) 全エネルギー

図 4.1　初期状態から平衡状態への推移
(n^*=0.6, T^*=1.3)

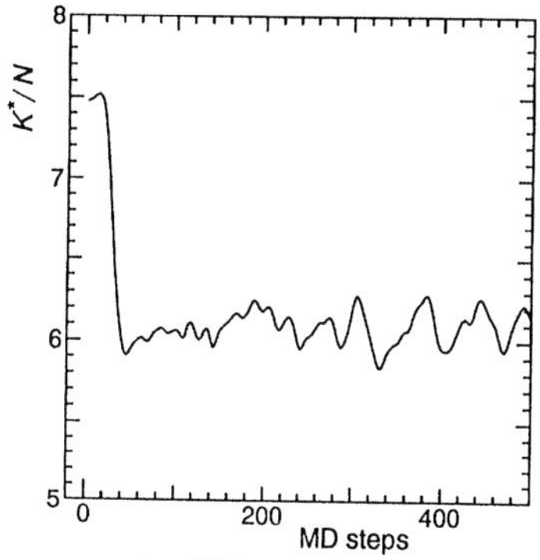

(a) 運動エネルギー

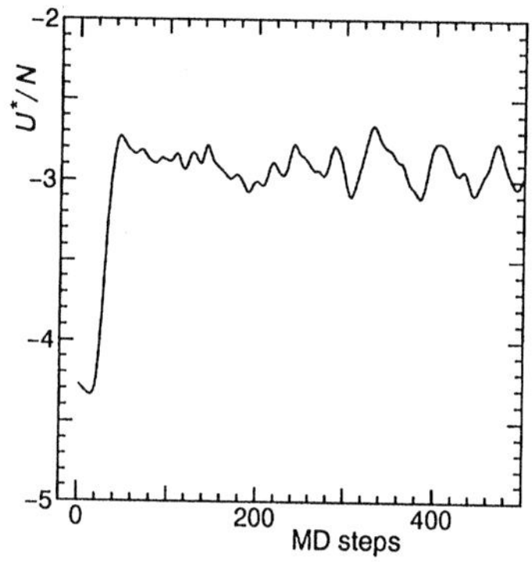

(b) 相互作用のエネルギー

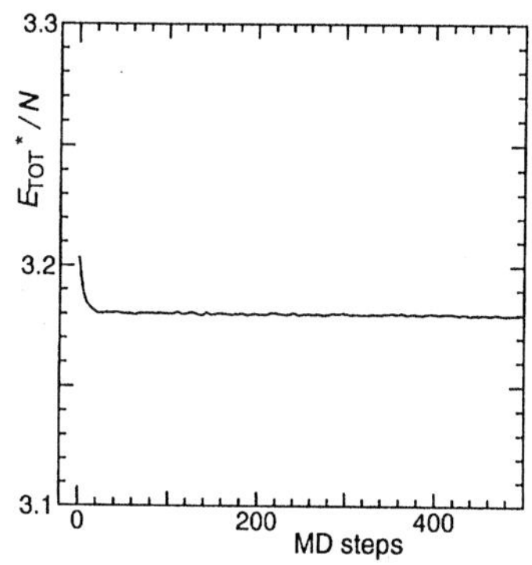

(c) 全エネルギー

図 4.2　初期状態から平衡状態への推移
(n^*=0.6, T^*=5.0)

ネルギーとポテンシャル・エネルギー間でエネルギーのやり取りが行われ，急激に平衡状態に収束することがわかる．両図の場合，400MD ステップで既に平衡状態に達していると見なすことができる．小正準分子動力学の場合系の全エネルギーは保存されるが，図においても最初の約 50MD ステップを除いてほぼ一定に保たれることがわかる．以上より，粒子の初期配置の規則性は，実質的にシミュレーションの進行開始のごく最初の部分にのみ存在し，急激に消失することがわかる．

4.2 平衡化の作業

分子動力学シミュレーションの場合，粒子の初期配置と初期速度を与えなければならないことは第 4.1 節で述べた．たとえ，速度分布を乱数を用いてマクスウェル分布に設定しても，初期配置との兼ね合いで，時間ステップとともに所望の温度から大きくずれてしまうことは，既に図 4.1，4.2 に示したとおりである．したがって，本シミュレーションに入る前に，所望の設定温度や系の運動量がゼロになるよう修正する作業が必要である．これが平衡化 (equilibration) の作業である．

ニュートンの運動方程式を用いる分子動力学シミュレーションの場合，運動エネルギー，すなわち，瞬間温度は一定でなく時間ステップ毎に変化するので，各時間ステップで設定温度になるように修正しても意味はない．すなわち，平均温度が設定温度になるように修正しなければならない．以下に修正法を示す．

ある時間間隔 t_s で算出した粒子の平均速度が $\bar{\boldsymbol{v}}$ であるとすると，系内のすべての粒子，例えば，粒子 i の速度 $\boldsymbol{v}_i$ を次式で示すような $\boldsymbol{v}_i'$ で置き換えることにより，

$$\boldsymbol{v}_i' = \boldsymbol{v}_i - \bar{\boldsymbol{v}} \tag{4.2}$$

粒子全体の運動量，すなわち，系の運動量はゼロとなり，静止系が得られる．

系が設定温度 T を与えるようにするには，さらに，次のような速度 $\boldsymbol{v}_i''(i = 1, 2, \ldots, N)$ に置き換える必要がある．

$$\boldsymbol{v}_i'' = c_0 \boldsymbol{v}_i' \tag{4.3}$$

ただし，係数 c_0 は式 (2.8) を用いて次のように得られる．

$$c_0 = \sqrt{3N_skT \Big/ m\sum_{j=1}^{N_s} \boldsymbol{v}_j'^2} \tag{4.4}$$

ここに，N_s は時間間隔 t_s において平均速度を算出する際対象となった粒子数，$\boldsymbol{v}_j'$ はサンプリングされた速度 $\boldsymbol{v}_j$ を式 (4.2) に従って補正した速度である．

以上の操作を適当な回数繰り返すと，系の運動量がゼロで所望の設定温度を得ることができる．その後本シミュレーションに入ればよい．

4.3 境 界 条 件

シミュレーションは有限のシミュレーション領域に対してなされるので，外部境界条件を設定しなければならない．現在まで圧倒的に多く用いられてきた周期境界条件は，気体・液体・固体の区別なく，すべての状態に適用できる優れた境界条件であるが，物体まわりの流れなど流れの問題への適用は必ずしも良い結果を与えないことがわかっている．以下においては，周期境界条件，一様流の条件，周期殻境界条件を示すが，一様流の条件および周期殻境界条件は基本的に流れのシミュレーションに際して用いられる境界条件である．

4.3.1 周期境界条件

シミュレーション領域としては，通常立方体もしくは直方体がよく用いられるので，このようなシミュレーション領域の場合について説明する．図 4.3 は理解し易いように，2 次元の場合の周期境界条件の概念を示したものである．中央のセルが対象となる系であり，まわりのセルはその基本セルを複写して作成した仮想のセルである．したがって，ある粒子が境界を通ってシミュレーション領域から流出する場合，反対側の境界面を通ってそのまま流入することを意味する．さらに，境界付近の粒子は，基本セル内の実際の粒子 (実粒子) と複写して作ったセル内の仮想粒子との相互作用を同時に考慮しなければならない．ゆえに，任意の粒子と相互作用する粒子を考える場合，ある実粒子とその複写である実質的に同一な仮想粒子との相互作用を考慮しなければならないことにな

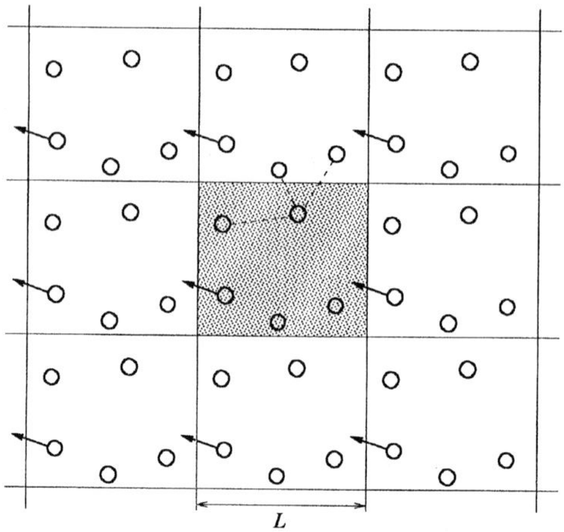

図 4.3　周期境界条件

る．しかしながら，一般的に用いられる次の最近接像の方法 (minimum image convention)[4]を用いると，どちらか一方の近い方の粒子との相互作用を考慮するだけでよくなる．第 4.4.1 項で示す粒子間相互作用のカットオフ距離 r_{coff} に対して，シミュレーション領域の一辺の長さ L を $L > 2r_{coff}$ と取れば，実粒子と仮想粒子のどちらか近い距離にいる粒子との相互作用だけを計算すればよいことになる．これが最近接像の方法である．このようにすれば，ある粒子の相互作用する相手は，実粒子と仮想粒子合わせて多くとも $(N-1)$ 個の粒子ということになる．

周期境界条件の採用により，非常に小さなシミュレーション領域でも実験データを説明できることが当初より明らかにされ，現在まで圧倒的に多く用いられてきた境界条件である．

4.3.2　一様流の条件

物体まわりの流れに周期境界条件を適用するとどうなるであろうか．図 4.4 から明らかなように，これは単一物体まわりの流れではなく，物体群内の流れをシミュレートすることになるので，流れ場が大きく歪む可能性がある．そこで，流れのシミュレーションでは，一様流の条件や次項で示す周期殻境界条件が用いられることになる．

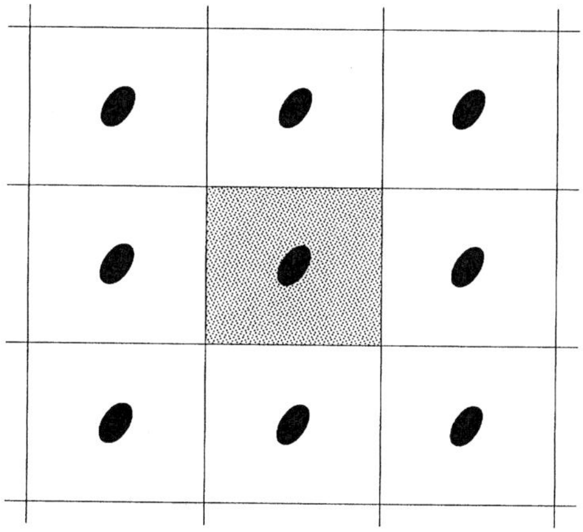

図 **4.4** 周期境界条件の物体まわりの流れへの適用

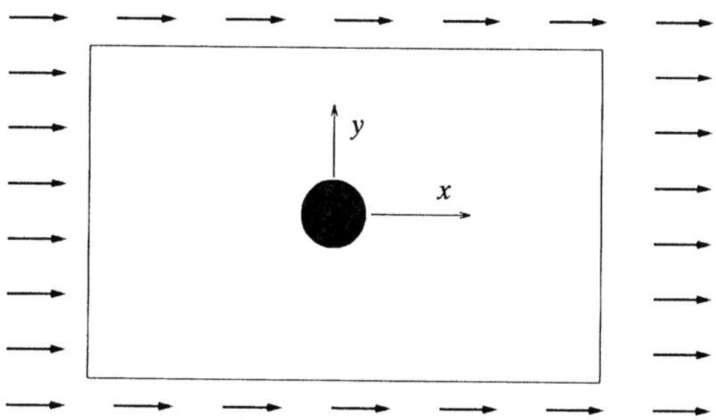

図 **4.5** 一様流の条件

一様流速 U，数密度 n，温度 T の一様流中に置かれた円柱まわりの流れをシミュレートすることを考える．一様流の条件とは，図 4.5 に示すように，シミュレーションの領域外を，数密度 n，温度 T の平衡状態にある一様流速 U を有する流れと仮定するものである．したがって，領域外からの流入粒子は，この平衡状態にある速度分布から確率的に発生させることになる．一方，粒子が領域外へと移動すれば，その粒子をシミュレーションの対象外とすることで，流出粒子の処理をする．

さて，領域外の一様流から流入する粒子の速度分布がどうなるかを考える．例として上流側の境界から流入する場合を取り上げる．この分布は上流境界の微

小面積 dS に着目して，その孔を通り抜ける粒子の速度を調べれば得ることができる．領域外の速度分布はマクスウェル分布なので，式 (A1.1) より，

$$f(\boldsymbol{v}) = \left(\frac{m}{2\pi kT}\right)^{3/2} \exp\left\{-\frac{m}{2kT}\left((v_x - U)^2 + v_y^2 + v_z^2\right)\right\} \tag{4.5}$$

したがって，第1巻の「モンテカルロ・シミュレーション」の付録でビリアル状態方程式を導出したときと同様の手順により，粒子が速度 $\boldsymbol{v} = (v_x, v_y, v_z)$ を有して単位面積単位時間当たりに検査面を横切る粒子数 $\hat{N}_{in}^{(1)}$ は次のように書ける．

$$\hat{N}_{in}^{(1)} = \left\{\frac{v_x dtdS}{V/N} \cdot f(\boldsymbol{v})d\boldsymbol{v}\right\} \Big/ (dtdS) = nv_x f(\boldsymbol{v})d\boldsymbol{v} \tag{4.6}$$

ゆえに，検査面を通る粒子，すなわち，流入粒子の速度分布関数 $f_{in}^{(1)}(\boldsymbol{v})$ は $f_{in}^{(1)}(\boldsymbol{v}) \propto v_x f(\boldsymbol{v})$ となり，規格化条件より比例定数を決めると，結局，次のように書ける．

$$f_{in}^{(1)}(\boldsymbol{v}) = \frac{2}{\pi v_{mp}^4 A(U/v_{mp})} v_x \exp\left\{-\frac{1}{v_{mp}^2}\left((v_x - U)^2 + v_y^2 + v_z^2\right)\right\}$$

$$(v_x > 0, -\infty < v_y, v_z < \infty) \tag{4.7}$$

ただし，v_{mp} は最確熱速度で $v_{mp} = (2kT/m)^{1/2}$，$A(U/v_{mp})$ は次のとおりである．

$$A\left(\frac{U}{v_{mp}}\right) = \exp\left\{-\left(\frac{U}{v_{mp}}\right)^2\right\} + \sqrt{\pi}\left\{1 + \mathrm{erf}\left(\frac{U}{v_{mp}}\right)\right\}\frac{U}{v_{mp}} \tag{4.8}$$

ここに，$\mathrm{erf}(x)$ は誤差関数で次式で定義される．

$$\mathrm{erf}(x) = \frac{2}{\sqrt{\pi}}\int_0^x e^{-t^2} dt \tag{4.9}$$

同様にして，下流および上方側面の境界面から流入する粒子の速度分布関数 $f_{in}^{(2)}(\boldsymbol{v})$ および $f_{in}^{(3)}(\boldsymbol{v})$ が次のように得られる．

$$f_{in}^{(2)}(\boldsymbol{v}) = \frac{2}{\pi v_{mp}^4 A(-U/v_{mp})}(-v_x) \exp\left\{-\frac{1}{v_{mp}^2}\left((v_x - U)^2 + v_y^2 + v_z^2\right)\right\}$$

$$(v_x < 0, -\infty < v_y, v_z < \infty) \tag{4.10}$$

$$f_{in}^{(3)}(\boldsymbol{v}) = \frac{2}{\pi v_{mp}^4}(-v_y)\exp\left\{-\frac{1}{v_{mp}^2}\left((v_x-U)^2+v_y^2+v_z^2\right)\right\}$$
$$(v_y < 0, -\infty < v_x, v_z < \infty) \tag{4.11}$$

上流境界面から単位面積単位時間当たりに流入する粒子数 $N_{in}^{(1)}$ は，領域内から外に流出する粒子もあるので，単純に $N_{in}^{(1)} = nU$ とはならない．これは式 (4.6) を積分して得られる．すなわち，

$$N_{in}^{(1)} = n\int_{-\infty}^{\infty}\int_{-\infty}^{\infty}\int_{0}^{\infty} v_x f(\boldsymbol{v})dv_x dv_y dv_z = \frac{1}{2\sqrt{\pi}}nv_{mp}A\left(\frac{U}{v_{mp}}\right) \tag{4.12}$$

他の境界面から系に流入する粒子数 $N_{in}^{(2)}$，$N_{in}^{(3)}$ も同様にして求めることができる．

以上により，例えば $N_{in}^{(1)}$ と $f_{in}^{(1)}$ を用いて，確率的に流入粒子を発生させればよい．一様乱数による発生法は付録 A4.2 に示してある．

一様流の条件は領域外の仮想粒子の位置を規定しないので，気体特に希薄気体に対して有効な境界条件ということができるが，シミュレーション領域を十分大きく取らないと，流れ場を大きく歪ませることがわかっている．もちろん，液体の場合には仮想粒子との相互作用の考慮は必須なので，一様流の条件は適用できない．

4.3.3 周期殻境界条件

物体まわりの流れをシミュレートする場合，周期境界条件の使用が不適切であることは既に述べた．一様流の条件はシミュレーション領域を大きく取らないと，流れ場を大きく歪ませ，また，液体の流れには適用できない．物体まわりの流れをシミュレートする際，液体・気体にも適用でき，かつ，シミュレーション領域の境界の存在の影響をできるだけ少なくするように開発された境界条件が周期殻境界条件 (periodic-shell boundary condition)[5,6] である．この境界条件は，物体まわりの流れだけでなく，垂直衝撃波のシミュレーションにも適用され，効率的な衝撃波発生法として威力を発揮している[7]．

周期殻境界条件とは，シミュレーション領域の境界付近の粒子が領域外にまったく同じように存在すると見なして，領域内の粒子がその仮想的な粒子と相互

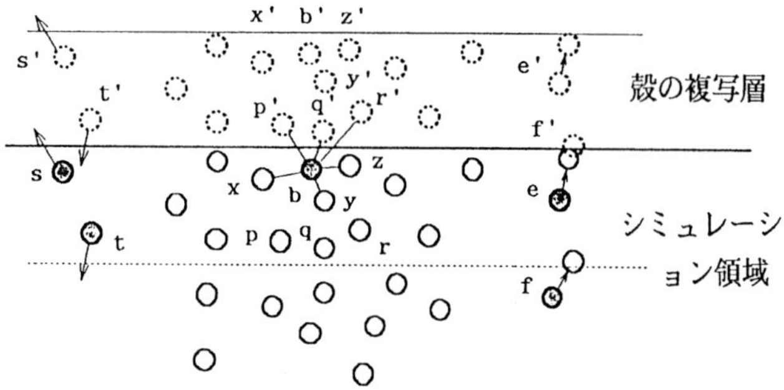

図 4.6　周期殻境界条件

作用するようにすることにより，シミュレーション領域の有限性の影響をできるだけ少なくすることを目的に開発された外部境界条件である．ナビエ・ストークス方程式を差分法などで数値的に解く場合，外部境界条件として外挿条件がよく用いられるが，この条件の概念を分子動力学シミュレーションの外部境界条件に応用したものである．ただし，本境界条件では厳密な外挿処理を行うわけではないので注意されたい．

図 4.6 に示すように，境界付近の薄い層 (殻と呼ぶことにする) 内の粒子 b は，実際の粒子 x, y, z の他に，殻内の粒子を境界の外側に複写して作った仮想粒子 p', q', r' との相互作用も考慮する．このような仮想的な層を一層だけでなく多層にすることもできるが，レナード・ジョーンズ ポテンシャルで代表されるような短距離ポテンシャルの場合には一層で十分である．粒子 s が領域外へと移動した場合には，粒子 s はその存在を抹消される．一方，粒子 t が殻より内側の領域に移動したときには，その仮想粒子 t' も領域内へと移動するので，この粒子 t' を新しい流入粒子とみなして，シミュレーションの対象に加える．このような流入粒子の発生法においては，流入粒子は境界付近の情報を有して領域内へと流入することになるので，一様流の条件などと比較して境界の存在の影響をより少なく抑える方法と言うことができる．破線を横切って殻内に移動する粒子に伴う処理は以下のとおりである．ある時刻に図 4.6 に示す位置にいた粒子 e と f が，次の時間ステップで矢印の先に移動したとすると，粒子 f が破線を横切って殻内へと移動することにより，仮想粒子 f' が突然粒子 e の相互作用の相手として現れるようになる．粒子 f' のこのような突然の出現は粒子 e と

の過度の重なりの危険性を秘めているので，実際のシミュレーションにおいては，この種の粒子同士の重なりを緩和する必要がある．剛体分子モデル系の場合には，粒子 e を乱数を用いて微小量移動させることにより重なりを解除すればよい．一方，非剛体分子モデル系の場合には，そのような単純な方法よりも，確率論的方法であるモンテカルロ法により粒子 e の位置の修正を試みたほうがより整合性がある．なお，実際にシミュレーションを行って上述のような粒子の重なりを調べた結果，平衡化の過程を過ぎるとこの種の粒子の重なりはほとんど生じないことがわかっている．これは非剛体分子モデル系の場合，粒子 f' の存在が，粒子 f が殻の領域内に流入しなくても，まわりの粒子により，ある程度粒子 e にはわかるからである．

一様流の条件が温度，密度，平均流速等の情報を必要とするのとは対照的に，本境界条件はこのような情報をまったく必要としないで流入粒子を発生させることができるので，衝撃波が発生するような流れに対しても，原理的には問題なく適用できる．通常仮想的な層を物体の代表長さと比較して薄く取るようにするので，一様流の条件と比較した場合，同じ大きさのシミュレーション領域に対して，さほどの計算時間の増加にはつながらない．一方，本境界条件は小さなシミュレーション領域を用いても流れ場を大きく歪ませないので，従来の境界条件を使用した場合よりも小さな領域を用いることができ，計算時間の大幅な短縮が期待できる．これらのことは第 5.2 節のところで明らかとなる．

2 次元円柱まわりの流れの場合の，長方形のシミュレーション領域に対する周期殻境界条件の適用例を図 4.7 に示す．この場合液体を対象としているので，上流側も周期殻境界条件を適用するが，もし，希薄気体を取り扱う場合には，前項で示したように一様流の条件で確率的に流入させ，所望の条件の一様流を発生させてもよい．殻の領域 A, C, E, G 内にいる粒子は，領域 A', C', E', G' の仮想粒子も兼ねる．一方，角の領域，例えば，B 内の粒子は，B', B'', B''' の領域の仮想粒子も兼ねる．通常，殻の領域の厚さはカットオフ距離程度に取るとよい．

最後に，所望の流れを作り出すために，上流境界における設定値の保持法を示す．一様流速など想定した流れを得るためには，上流境界における流速・温度・数密度をシミュレーションを通して一定値に保持する必要がある．周期殻

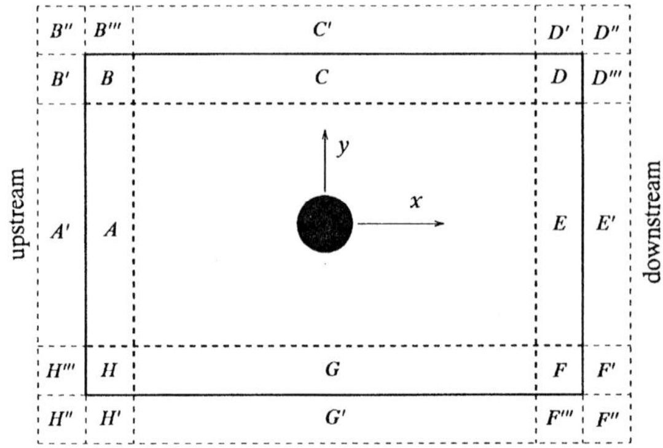

図 **4.7**　2次元円柱まわりの流れへの周期殻境界条件の適用

境界条件の場合，上流側殻内の粒子の速度や殻の領域の厚さ等を調節することにより，比較的容易に所望の状態を達成することができる．

数密度一定の保持法として，ある時間ステップ間での上流側殻内粒子の平均数密度を算出し，その値を用いて殻の厚さを調節することにより，殻内の数密度を一定に保つ方法が考えられる．ところが，物体まわりの流れのように，下流に円柱という障害物がある場合，この方法を用いると殻の領域がどんどん前方に伸びていくので，あまり好ましい方法とは言えない．したがって，殻内の数密度を上げる処理に対してはこの方法を用いるが（滅多に生じない），数密度を下げる必要がある場合には，一様乱数を用いてランダムに粒子を抽出し取り除くことにより，数密度を一定に保持する方法を採用すればよい．

流速および温度を設定値に保持するには以下のようにする．ある時間ステップ間で算出した殻内の粒子の平均速度を $(\bar{v}_x, \bar{v}_y)$ とすると，上流側殻内にいる粒子の速度を (v_x, v_y) から次式で示す (v''_x, v''_y) に置き換えることにより，一様流速および温度を設定値に保持することができる．すなわち，

$$(v''_x, v''_y) = (c_0(v'_x - U) + U \ , \ c_0 v'_y) \tag{4.13}$$

ただし，

$$\left.\begin{aligned} (v'_x, v'_y) &= (v_x - \bar{v}_x + U\ ,\ v_y - \bar{v}_y) \\ c_0 &= \sqrt{\frac{\dfrac{2MkT}{m}}{\displaystyle\sum_{j=1}^{M}\{(v'_x - U)^2 + v'^2_y\}}} \end{aligned}\right\} \tag{4.14}$$

ここに，kはボルツマン定数，Mは殻内の粒子の平均速度を算出する際対象となった粒子の数である．また，c_0の分母に現れた速度はサンプリングされた速度であることに注意されたい．(v''_x, v''_y) から算出した流速と温度が一様流の値にほぼ等しくなることは明らかである．

4.4 計算時間の短縮化技法

分子シミュレーションの実行に際して，最も計算時間を消費するのは粒子間力もしくは粒子間相互作用のエネルギーの計算である．以下に，これらの計算時間の短縮化技法を示す．

4.4.1 カットオフ距離

先に述べた最近接像の方法を用いると，一粒子当たり $(N-1)$ 個の粒子との相互作用を計算しなければならないので，全体で $N(N-1)$ 通りの相互作用を計算することになる．もし一粒子当たりの相互作用する粒子の数を大幅に減らすことができれば，それだけ計算時間が著しく短縮化できることになる．レナード・ジョーンズ分子のような短距離オーダーのポテンシャルの場合，粒子直径の数倍の距離 r_{coff}で，粒子間相互作用はほぼゼロと見なすことができる．すなわち，r_{coff}以上離れた粒子同士の相互作用は実質的に計算する必要はない．この相互作用の計算の打ち切りの距離 r_{coff}をカットオフ距離 (半径)(cutoff radius) という．レナード・ジョーンズ ポテンシャルの場合，通常 $r_{coff} = 2 \sim 3.5\sigma$に取ることが多い．

カットオフ距離を導入しても，それだけでは計算時間の短縮は計れない．なぜなら，粒子間の力やエネルギーを計算しなくても，粒子間距離を $N(N-1)$

通り計算しなければならないからである．したがって，次に述べる近接粒子の登録による粒子の限定法と組み合わせることにより，計算時間の短縮化が計れる．

4.4.2　近接粒子の登録による相互作用する粒子の限定

もし，任意の粒子のカットオフ距離内にいる相手粒子の名前がいつもわかれば，粒子との距離を計算して，その粒子がカットオフ距離の内側にいるか，もしくは，外側にいるかを調べる必要はなくなる．したがって，カットオフ距離内にいる粒子の数を概略 $M(\ll N)$ とすれば，$N \times M$ 通りの相互作用を計算するだけで済み，カットオフ距離を用いない $N(N-1)$ 通りの計算よりも大幅に減少することになる．以下に代表的な近接粒子の登録による相互作用する粒子の限定法を示す．

a.　ブロック分割法

理解しやすいように，2 次元の正方形のシミュレーション領域に対するブロック分割法 (cell index method)[8,9] の概念図を図 4.8 に示す．もし，一辺を M 等分して全体を $M \times M$ 個のセルに分割し，さらに $l(= L/M) \geq r_{coff}$ を満足すれば，ある粒子と相互作用する相手粒子は近接する 9 個のセル (自セルも含む) にいる粒子のみとの相互作用を計算すればよいことがわかる．例えば，図 4.8 の 21 番目のセルにいる粒子との相互作用は，14, 15, 16, 20, 21, 22, 26, 27,

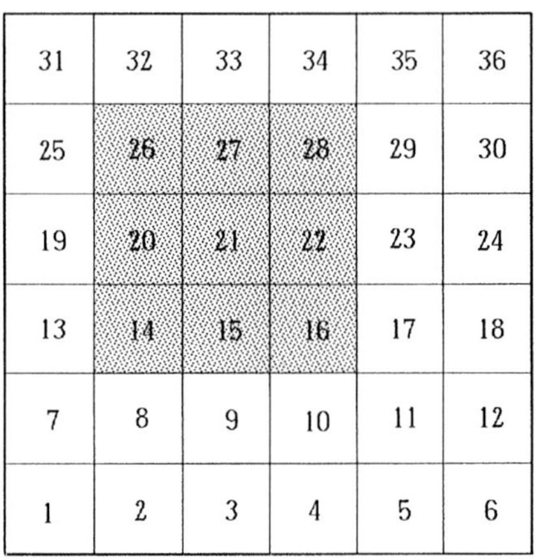

図 4.8　ブロック分割法

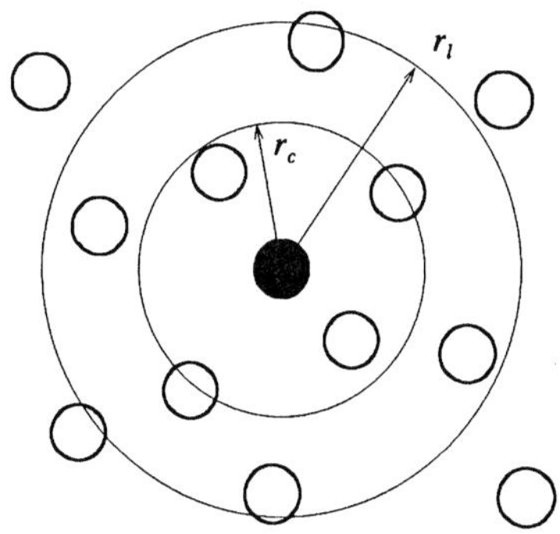

図 4.9　Verlet neighbor list 法

28 の 9 個のセルにいる粒子との相互作用を計算すればよい．他のセルにいる粒子はカットオフ距離以遠のセルなので最初から検討する必要はない．各時間ステップ毎に前述の変数を最新の情報に入れ換えて，その情報を基に粒子間力等の計算を行う．

b.　Verlet neighbor list 法

前述のブロック分割法は，分割されたブロックの一辺の長さ l の分解能で粒子の位置を把握し，各セル自身が粒子名の情報を有していた．一方，Verlet neighbor list 法[10)]では，各粒子が自分と相互作用する相手粒子の名前のリストを保有することになる．図 4.9 はこの方法の概念を示した図である．それぞれの粒子は，カットオフ距離よりも長い距離 r_l 以内にいる粒子の粒子名を，リストとして変数に格納しておく．モンテカルロ・シミュレーションや分子動力学シミュレーションでは，粒子が 1 ステップで動く距離は微小なので，たとえ，カットオフ距離内への粒子の出入りがあっても，r_l 内の粒子を把握しておけば，ある程度の間はその粒子の情報をそのまま使い続けることができる．これが Verlet neighbor list 法である．もし，近接する粒子の情報を，例えば，10MD ステップごとに入れ換えてシミュレーションを実行すれば，大幅な計算時間の短縮が計れることは明らかである．

4.5 鏡面反射と拡散反射

物体まわりの流れやダクト内の流れなど，固体壁を有する系の分子動力学シミュレーションの場合，系を構成する粒子と固体壁との相互作用を考慮しなければならない．固体壁を構成する分子と系を構成する分子間のポテンシャルが既知であるならば，その取り扱いは比較的容易である．一般にはそのような分子間のポテンシャルは正確にはわからないのが通常である．したがって，固体壁を分子レベルから考えず，連続面と見なして，分子(粒子)と固体壁との相互作用を反射モデルを用いて処理する場合も多い．すなわち，系の粒子は採用する反射モデルにしたがって，固体面と衝突し跳ね返されることになる．代表的な反射モデルとして，鏡面反射モデルと拡散反射モデルがある．

鏡面反射 (specular reflection) モデルでは，粒子は固体面と完全な弾性衝突をする．すなわち，固体面に平行な速度成分は衝突後も変化しないが，垂直な成分は衝突後速度が反転する．平面上を粘性流体が流れる場合，平面に沿って境界層が生じるが，この反射モデルでは境界層が生じないので，その使用に際しては注意を要する．

拡散反射 (diffuse reflection) モデルでは，粒子は固体面の状態に完全に適合し，ランダムな方向に反射される．したがって，反射前の速度の情報は，衝突に際してなんら必要ないことになる．反射後の速度分布は第 4.3.2 項で述べた一様流の条件での速度分布 (式 4.10) に類似の式となる．すなわち，平衡状態にある固体領域から，固体領域内の温度等の情報を有して粒子が飛び出してくるとして，その速度分布が得られる．

希薄気体の流れの研究から，拡散反射モデルが現実の反射に近いとされているが，鏡面反射モデルと拡散反射モデルを混合した反射モデルで，より現実に近い反射を実現させようとする試みも行われてきている[11]．

4.6 誤差評価

シミュレーションによって得た値は，当然，統計的な誤差を含むので，平均値とともに誤差の大きさも合わせて表記する必要がある．得られた値の誤差表示は，分子シミュレーションに限らず，実験値や数値解を示す場合必須となりつつある．例えば，アメリカの機械学会論文集であるASME Journalでは，誤差解析がなされていない論文は掲載されない，というところまで誤差解析の重要性が認識されている．

分子シミュレーションにおいては，誤差は主に系統的誤差 (systematic error) と統計的誤差 (statistical error) に分類できる．前者の要因としては，系の有限性すなわち粒子数が有限であること，境界条件の使用，カットオフ距離の導入，分子動力学法の場合には運動方程式の差分化，などによるものがあり，これらはサンプリング数を増やしても精度は改善しない．一方，後者は無限時間の平均を有限の時間で置き換えることや集団平均を有限個の状態点で評価することなどに起因し，これらはサンプリング数が増すほど精度は改善する．以下においては，統計的誤差の評価法[1,2]を示す．なお，系統的誤差の把握として，少なくとも系の粒子数Nおよびカットオフ距離r_{coff}の値を変えたシミュレーションを行い，解に与える影響は調べる必要がある．

4.6.1 平均値の誤差

分子シミュレーションによって，ある量AのM個のサンプリング値A_1，A_2，$\cdots$，A_Mを得たとする．これらのサンプリング値から平均値を次のように求めるのは既に述べた．

$$\langle A\rangle_{run}=\frac{1}{M}\sum_{i=1}^{M}A_i \tag{4.15}$$

さて，統計的な見方に立って$\langle A\rangle_{run}$の誤差を評価してみる．いま，確率変数A_1，A_2，$\cdots$，A_Mが互いに独立で，母集団の平均$\langle A\rangle$および分散$\sigma^2(A)$に従うものとする．この場合，中心極限定理 (central limit theorem) から，上記確率変数の算術平均して作った一つの確率変数$\langle A\rangle_{run}$は，$M\to\infty$に対して，平

均が $\langle A\rangle$，分散が$\sigma^2(\langle A\rangle_{run})=\sigma^2(A)/M$なる正規分布に従うようになるということがわかる[12)]．もし，Mが十分大きければ，

$$\left.\begin{aligned}\langle A\rangle &\simeq \langle A\rangle_{run}\\ \sigma^2(A) &\simeq \langle(\delta A)^2\rangle_{run}=\frac{1}{M}\sum_{i=1}^{M}(A_i-\langle A\rangle_{run})^2\end{aligned}\right\} \tag{4.16}$$

したがって，シミュレーションで得られた平均値 $\langle A\rangle_{run}$の誤差としては，標準偏差を用いて，

$$\pm 1.96\sqrt{\langle(\delta A)^2\rangle_{run}/M} \tag{4.17}$$

と表すことが可能である (係数の 1.96 は 95%の信頼区間として誤差を定義していることから生じる)．ところが，一般にサンプリング値 A_1，A_2，$\cdots$，A_Mは独立ではない．したがって，この式は修正する必要がある．

いま，サンプリング・データを M_B個のデータを有するブロックに区切り，各ブロックの先頭データだけを取り出すとする．もし，これらのデータが互いに独立になるような M_Bの最小値 M_{corr}がわかるならば，式 (4.17) は次のように修正できる．

$$\pm 1.96\sqrt{\langle(\delta A)^2\rangle_{run}(M_{corr}/M)} \tag{4.18}$$

したがって，サンプリング・データから M_{corr}を求めれば，式 (4.18) で表された誤差の値を計算できる．以下にデータの相関が持続する時間 (相関時間)t_Aを相関関数から求めるが[2)]，M_{corr}とは $M_{corr}=t_A/t_{smpl}$の関係がある．ただし，データは t_{smpl}時間ごとにサンプリングされたと仮定している．

ある時間間隔 t での平均を $\langle A\rangle_t$とすれば，

$$\langle A\rangle_t=\frac{1}{t}\int_0^t A(t')dt' \tag{4.19}$$

ゆえに，$\langle A\rangle_t$の分散$\sigma^2(\langle A\rangle_t)$ は式 (4.19) を用いると次のように表せる．

$$\sigma^2(\langle A\rangle_t)=\langle(\langle A\rangle_t-\langle A\rangle)^2\rangle$$

$$
\begin{aligned}
&= \frac{1}{t^2}\int_0^t\int_0^t \langle (A(t') - \langle A\rangle)(A(t'') - \langle A\rangle)\rangle dt'dt'' \\
&= \frac{2}{t^2}\int_0^t (t-\tau)\langle (A(\tau) - \langle A\rangle)(A(0) - \langle A\rangle)\rangle d\tau \\
&= \frac{2}{t^2}\int_0^t (t-\tau)\langle \delta A(\tau)\delta A(0)\rangle d\tau
\end{aligned}
\tag{4.20}
$$

ここに，右辺第3式は式(A3.16)で行った変形と同様の手順で得られた．さて，ここで，相関時間 t_A を次式で定義すると，

$$
t_A = \frac{2\displaystyle\int_0^\infty \langle \delta A(\tau)\delta A(0)\rangle d\tau}{\sigma^2(A)} \tag{4.21}
$$

もし，t が相関時間 t_A より十分短いならば，

$$
\sigma^2(\langle A\rangle_t) = \sigma^2(A) \tag{4.22}
$$

となることは明らかである．逆に $t \gg t_A$ ならば，式(4.20)は次のようになる．

$$
\begin{aligned}
\sigma^2(\langle A\rangle_t) &= \frac{2}{t}\int_0^\infty \langle \delta A(\tau)\delta A(0)\rangle d\tau - \frac{2}{t^2}\int_0^\infty \tau\langle \delta A(\tau)\delta A(0)\rangle d\tau \\
&= \frac{t_A}{t}\sigma^2(A) - \frac{2}{t^2}\int_0^\infty \tau\langle \delta A(\tau)\delta A(0)\rangle d\tau
\end{aligned}
\tag{4.23}
$$

$t \to \infty$ の極限を取れば，第1項が支配的となるので次の式が得られる．

$$
t_A = \lim_{t\to\infty} \frac{t\sigma^2(\langle A\rangle_t)}{\sigma^2(A)} \tag{4.24}
$$

したがって，$M_{corr}(= t_A/t_{smpl})$ が得られる．

4.6.2 分 散 の 誤 差

分散値の誤差評価法を示す．シミュレーションの実行時間 t_{run} に対して得られる分散 $\langle(\delta A)^2\rangle_{run}$ は次のように書ける．

$$\langle(\delta A)^2\rangle_{run} = \frac{1}{t_{run}}\int_0^{t_{run}} (A(t') - \langle A\rangle)^2 dt' \tag{4.25}$$

したがって，$\langle(\delta A)^2\rangle_{run}$の分散は次のようになる．

$$\begin{aligned}\sigma^2(\langle\langle(\delta A)^2\rangle_{run}) &= \langle\langle\langle(\delta A)^2\rangle_{run}^2\rangle - \langle\langle\langle(\delta A)^2\rangle_{run}\rangle^2 \\ &= \frac{1}{t_{run}^2}\int_0^{t_{run}}\int_0^{t_{run}} \langle\{(A(t') - \langle A\rangle)^2 - \langle(\delta A)^2\rangle\} \\ &\quad \times\{(A(t'') - \langle A\rangle)^2 - \langle(\delta A)^2\rangle\}\rangle dt' dt'' \\ &= \frac{1}{t_{run}^2}\int_0^{t_{run}}\int_0^{t_{run}} \{\langle(A(t') - \langle A\rangle)^2(A(t'') - \langle A\rangle)^2\rangle \\ &\quad -2\langle(\delta A)^2\rangle\langle(A(t') - \langle A\rangle)^2\rangle + \langle(\delta A)^2\rangle^2\} dt' dt''\end{aligned} \tag{4.26}$$

この式をさらに変形するには，確率論の次の公式[13)]を用いる必要がある．もし，確率変数 X_1，X_2，$\cdots$が正規分布に従い，さらに，$\langle X_1\rangle = \langle X_2\rangle = \cdots = 0$ とするならば，次の関係式が成り立つ．

$$\langle X_{i_1} X_{i_2} \cdots X_{i_n}\rangle = \begin{cases} 0 & (\text{ for } \quad n = 1, 3, \cdots) \\ \displaystyle\sum_{all \quad pairs} \langle X_{i_j} X_{i_k}\rangle\langle X_{i_l} X_{i_m}\rangle \cdots & (\text{ for } \quad n = 2, 4, \cdots) \end{cases} \tag{4.27}$$

ここに，和は n 個の変数を対の組に分割する可能なすべての組み合わせに対して行うことを意味する．理解しやすいように具体例を示すと，

$$\left.\begin{aligned}\langle X_1X_2X_3X_4\rangle &= \langle X_1X_2\rangle\langle X_3X_4\rangle + \langle X_1X_3\rangle\langle X_2X_4\rangle + \langle X_1X_4\rangle\langle X_2X_3\rangle \\ \langle X_1X_1X_1X_2X_2X_3\rangle &= 6\langle X_1X_1\rangle\langle X_1X_2\rangle\langle X_2X_3\rangle + 6\langle X_1X_2\rangle^2\langle X_1X_3\rangle \\ &\quad +3\langle X_1X_1\rangle\langle X_1X_3\rangle\langle X_2X_2\rangle\end{aligned}\right\} \tag{4.28}$$

$A(t)$ が正規分布に従うと仮定して，以上の公式を式 (4.26) の被積分項に適用すれば，次のように変形できる．

$$\begin{aligned}&\{\langle(A(t') - \langle A\rangle)^2(A(t'') - \langle A\rangle)^2\rangle \\ &-2\langle(\delta A)^2\rangle\langle(A(t') - \langle A\rangle)^2\rangle + \langle(\delta A)^2\rangle^2\} \\ = &\langle(A(t') - \langle A\rangle)^2\rangle\langle(A(t'') - \langle A\rangle)^2\rangle\end{aligned}$$

$$+2\langle(A(t')-\langle A\rangle)(A(t'')-\langle A\rangle)\rangle^2-2\langle(\delta A)^2\rangle\langle(\delta A)^2\rangle+\langle(\delta A)^2\rangle^2$$
$$=2\langle(A(t')-\langle A\rangle)(A(t'')-\langle A\rangle)\rangle^2 \tag{4.29}$$

ゆえに，式 (4.26) は式 (A3.16) で行ったのと同様の手順により，

$$\begin{aligned}&\sigma^2(\langle(\delta A)^2\rangle_{run})\\&=\frac{2}{t_{run}^2}\int_0^{t_{run}}\int_0^{t_{run}}\langle(A(t')-\langle A\rangle)(A(t'')-\langle A\rangle)\rangle^2dt'dt''\\&=\frac{4}{t_{run}^2}\int_0^{t_{run}}(t_{run}-t)\langle\delta A(t)\delta A(0)\rangle^2dt\end{aligned} \tag{4.30}$$

もし，相関時間 t_A を次式で定義し，

$$t_A=2\int_0^{\infty}\frac{\langle\delta A(t)\delta A(0)\rangle^2}{\langle(\delta A(0))^2\rangle^2}dt \tag{4.31}$$

t_{run} を t_A より十分長く取れば，式 (4.30) は次のようになる．

$$\sigma^2(\langle(\delta A)^2\rangle_{run})=2\frac{t_A}{t_{run}}\langle(\delta A)^2\rangle^2 \tag{4.32}$$

ゆえに，分散値 $\langle(\delta A)^2\rangle_{run}$ の誤差は次のように表される．

$$\pm 1.96\sigma(\langle(\delta A)^2\rangle_{run})=\pm1.96(2t_A/t_{run})^{1/2}\langle(\delta A)^2\rangle \tag{4.33}$$

以上の導出では，$A(t)$ を正規分布に従う確率変数と見なしたが，この仮定は一般的に十分受け入れられるものである．

4.6.3 相関関数の誤差

相関関数の誤差評価法[14)]を示す．シミュレーションによって得られる時間相関関数を $C_{AA}^{run}(t)$ とすれば，

$$C_{AA}^{run}(t)=\langle A(t)A(0)\rangle_{run}=\frac{1}{t_{run}}\int_0^{t_{run}}A(t')A(t'+t)dt' \tag{4.34}$$

ゆえに，次式の偏差 $\delta C_{AA}(t)$ を用いれば，

$$\begin{aligned}\delta C_{AA}(t)&=C_{AA}^{run}(t)-C_{AA}(t)\\&=\langle A(t)A(0)\rangle_{run}-\langle A(t)A(0)\rangle\\&=\frac{1}{t_{run}}\int_0^{t_{run}}\{A(t')A(t'+t)-\langle A(t')A(t'+t)\rangle\}dt'\end{aligned} \tag{4.35}$$

分散$\sigma^2(\langle A(t)A(0)\rangle_{run})$は次のように書ける.

$$\begin{aligned}\sigma^2(\langle A(t)A(0)\rangle_{run}) &= \frac{1}{t_{run}^2}\int_0^{t_{run}}\int_0^{t_{run}} \langle\{A(t')A(t'+t) - \langle A(t')A(t'+t)\rangle\} \\ &\quad \{A(t'')A(t''+t) - \langle A(t'')A(t''+t)\rangle\}\rangle dt'dt'' \\ &= \frac{1}{t_{run}^2}\int_0^{t_{run}}\int_0^{t_{run}} \{\langle A(t')A(t'+t)A(t'')A(t''+t)\rangle \\ &\quad -\langle A(t')A(t'+t)\rangle\langle A(t'')A(t''+t)\rangle\}dt'dt'' \\ &= \frac{1}{t_{run}^2}\int_0^{t_{run}}\int_0^{t_{run}} \{\langle A(t')A(t'+t)A(t'')A(t''+t)\rangle \\ &\quad -\langle A(0)A(t)\rangle^2\}dt'dt'' \end{aligned} \tag{4.36}$$

前項と同様に，$A(t)$が正規分布に従うとすれば，式(4.27)の公式を考慮し，さらに式(A3.16)で行った変形と同様の手順より，この式は次のように変形できる.

$$\begin{aligned}\sigma^2(\langle A(t)A(0)\rangle_{run}) &= \frac{1}{t_{run}^2}\int_0^{t_{run}}\int_0^{t_{run}} \{\langle A(0)A(t''-t')\rangle^2 \\ &\quad +\langle A(0)A(t''-t'+t)\rangle \\ &\quad \times\langle A(0)A(t''-t'-t)\rangle\}dt'dt'' \\ &= \frac{1}{t_{run}^2}\int_{-t'}^{t_{run}-t'}\int_0^{t_{run}} \{\langle A(0)A(\tau)\rangle^2 \\ &\quad +\langle A(0)A(\tau+t)\rangle\langle A(0)A(\tau-t)\rangle\}dt'd\tau \\ &= \frac{2}{t_{run}^2}\int_0^{t_{run}} (t_{run}-\tau)\{\langle A(0)A(\tau)\rangle^2 \\ &\quad +\langle A(0)A(\tau-t)\rangle\langle A(0)A(\tau+t)\rangle\}d\tau \end{aligned} \tag{4.37}$$

もし，サンプリング時間t_{run}が相関関数$\langle A(0)A(t)\rangle$の相関時間よりも十分長ければ，この式は次のように近似できる.

$$\begin{aligned}\sigma^2(\langle A(t)A(0)\rangle_{run}) &= \frac{2}{t_{run}}\int_0^{\infty} \{\langle A(0)A(\tau)\rangle^2 \\ &\quad +\langle A(0)A(\tau-t)\rangle\langle A(0)A(\tau+t)\rangle\}d\tau \end{aligned} \tag{4.38}$$

いま，相関時間t_Aを式(4.31)と類似の次式で定義すれば,

$$t_A = 2\int_0^{\infty} \frac{\langle A(\tau)A(0)\rangle^2}{\langle A(0)^2\rangle^2}d\tau \tag{4.39}$$

$t \to 0$ の極限に対して，式 (4.38) は次の式に帰着する．

$$\sigma^2(\langle A(0)^2\rangle_{run}) = 2\frac{t_A}{t_{run}}\langle A^2\rangle^2 \tag{4.40}$$

一方，$t \gg t_A$ ならば，式 (4.38) の被積分項の第 2 項はゼロと見なすことができるので，次の式に帰着する．

$$\sigma^2(\langle A(t)A(0)\rangle_{run}) \simeq \frac{t_A}{t_{run}}\langle A^2\rangle^2 \tag{4.41}$$

したがって，$\langle A(0)^2\rangle_{run}$ もしくは $\langle A(0)A(t)\rangle_{run}$ の誤差は，(t_A/t_{run}) の 1/2 乗に比例することがわかる．

文　　献

1) J.M. Haile, "Molecular Dynamics Simulation: Elementary Methods", John Wiley & Sons, New York (1992).
2) M.P. Allen and D.J. Tildesley, "Computer Simulation of Liquids", Clarendon Press, Oxford (1987).
3) D.W. Heermann, "Computer Simulation Methods in Theoretical Physics", 2nd ed., Springer-Verlag, Berlin (1990).
4) N. Metropolis, et al., "Equation of State Calculations by Fast Computing Machines", J. Chem. Phys., 21(1953), 1087.
5) 佐藤　明, "分子動力学シミュレーションのための新しい外部境界条件の開発 (周期殻境界条件)", 日本機械学会論文集 (B 編), 58(1992), 3515.
6) 佐藤　明, "非剛体分子モデル系への周期殻境界条件の適用 (円柱まわりの流れの分子動力学シミュレーション)", 日本機械学会論文集 (B 編), 60(1994), 1546.
7) 佐藤　明, "レナード・ジョーンズ液体における垂直衝撃波の内部構造 (周期殻境界条件を適用した分子動力学シミュレーション)", 日本機械学会論文集 (B 編), 59(1993), 73.
8) B. Quentrec and C. Brot, "New Method for Searching for Neighbors in Molecular Dynamics Computations", J. Comput. Phys., 13(1975), 430.
9) R.W. Hockney and J.W. Eastwood, "Computer Simulation using Particles", McGraw-Hill, New York (1981).
10) L. Verlet, "Computer Experiments on Classical Fluids. I. Thermodynamical Properties of Lennard-Jones Molecules", Phys. Rev., 159(1967), 98.
11) G.A.Bird, "Molecular Gas Dynamics", pp.75-77, Clarendon Press, Oxford (1976).
12) 児玉正憲, "基本数理統計学", pp.74-75, 牧野書店 (1992).
13) 小倉久直, "物理・工学のための確率過程論", pp.23-31, コロナ社 (1978).
14) D. Frenkel, "Intermolecular Spectroscopy and Computer Simulations", in Intermolecular Spectroscopy and Dynamical Properties of Dense Systems(Proceedings of the Enrico Fermi Summer School), Vol.75, pp.156-201, Soc. Italiana di Fisica, Bologna (1980).

5
分子動力学法の適用例

実用的な計算機の開発とともに，分子動力学法およびモンテカルロ法によるミクロな解析が行われるようになったが，当初は相転移の問題が研究者の興味をそそり，単純なモデル分子を使ったシミュレーションが活発に行われた．現在では，このような理学的見地からの研究は当然のことながら，工学的見地からの分子シミュレーションによるミクロな解析が，広範な分野で非常に活発に行われるに至っている．これらを外観するのも一つの情報を読者に与えるという意味ではよいかもしれないが，ここでは筆者が行った研究に焦点を絞り，詳しく見ていくことで，物理現象の解明と分子シミュレーションの果たす役割の把握の一助としたい．

5.1 液体衝撃波

気体を対象とした衝撃波の波面構造に関する研究は，近年においてはボルツマン方程式の確率的解法であるモンテカルロ直接法[1)]により，活発に行われてきている．一方，液体の場合には，その解法の困難さから，あまり行われていないが，衝撃波による結石破砕に見られるような医療への応用[2)]が計られるに至って，液体や固体中の衝撃波の解析が重要な研究課題となってきている．

分子動力学シミュレーションにおける従来の衝撃波発生法は，シリンダ内に分子を液体の状態で封入し，ピストンをある速度以上で駆動することにより衝撃波を発生させるというものである．この方法だと衝撃波がシリンダ内をピストンの運動と同方向に移動するので，十分な平均操作を行おうと思えば，非常に長いシミュレーション領域を設定する必要がある．その結果，衝撃波面部以外に位置する分子の割合が非常に高くなり，これが従来の発生法を非効率的な無駄の多い方法にしてしまう原因となっている．ところが，先に示した周期殻境界条件を応用すれば，衝撃波面部のみをシミュレートする，非常に効率的な衝撃波発生法が可能となる．

そこで，以下においては，まず，レナード・ジョーンズ液体を対象に，モンテカルロ法により得た種々の温度，密度に対する圧力，内部エネルギー，音速等の計算結果を示す．次に，これらのデータの最小2乗法による近似式と基礎方程式を組み合わせて，上流と下流の関係であるランキン・ユゴニオの関係を数値的に明らかにした結果[3]を示す．最後に，分子動力学法により得た垂直衝撃波のシミュレーションの結果[4]を述べる．

5.1.1 モンテカルロ・シミュレーションによる状態量の評価

第1巻「モンテカルロ・シミュレーション」で示した正準モンテカルロ法によって，レナード・ジョーンズ液体の状態量の評価を行う．分子の初期状態としては面心立方格子状に分子を配置し，分子数を $N=500$，カットオフ半径を $r^*_{coff}=3.5$ と取った．シミュレーションはすべて 10,000MC ステップまで行い，平均はその内 1,000 ~ 10,000MC ステップ間で行っている．

表5.1は密度ρ^*および温度 T^* を種々に変えて得た結果をまとめたものである．表中において，p^*は圧力，e^*は単位質量当たりの内部エネルギー，a^*は音速，c^*_Vは定積比熱，γ^*_Vは熱圧力係数，β^*_Tは等温圧縮率，である．数値の誤差は，例えば $(p^*, T^*)=(0.9, 2.5)$ の場合，$(p^*, e^*, a^*, c^*_V, \gamma^*_V, \beta^*_T)=(0.1, 0.3, 0.4, 1.2, 2.7, 3.4)$ パーセントである．図5.1には今回シミュレートした状態点が状態図上に示してある．実線は後に示すランキン・ユゴニオの関係の軌跡を示したものである．次に示すランキン・ユゴニオの関係を求めるために必要な最小2乗法による近似式を示す．本シミュレーションで得られた値をReeの近似式[5]の形で表すことにすると，

$$p^* = n^*T^*\left\{1+\sum_{i=1}^{4}B_i x^i + B_{10}x^{10} - \sum_{i=1}^{5}\frac{iC_i x^i}{T^{*1/2}} + \sum_{i=1}^{5}\frac{D_i x^i}{T^*}\right\} \qquad (5.1)$$

表 5.1 モンテカルロ・シミュレーションによる状態量の計算結果

ρ^*	T^*	p^*	e^*	a^*	c_V^*	γ_V^*	β_T^*
0.65	1.2	0.3310	-2.6348	3.731	2.075	2.714	0.4677
0.65	1.3	0.5883	-2.4299	4.173	2.015	2.451	0.1867
0.65	1.4	0.8497	-2.2270	4.292	2.003	2.432	0.1781
0.7	1.2	0.6564	-2.9609	4.487	2.127	3.143	0.1630
0.7	1.3	0.9734	-2.7467	4.642	2.123	3.167	0.1585
0.7	1.4	1.2838	-2.5387	4.848	2.097	3.076	0.1346
0.75	1.2	1.1929	-3.2699	5.239	2.221	3.789	0.09767
0.75	1.4	1.9288	-2.8323	5.628	2.159	3.502	0.07606
0.75	1.7	2.9853	-2.1844	5.950	2.143	3.423	0.07066
0.8	1.4	2.8384	-3.1007	6.278	2.295	4.334	0.05814
0.8	1.7	4.1140	-2.4170	6.662	2.313	4.334	0.05481
0.8	2.0	5.2874	-1.7536	7.047	2.239	3.978	0.04534
0.9	2.0	9.0868	-2.0299	8.616	2.495	5.577	0.02557
0.9	2.5	11.590	-0.8369	9.277	2.329	4.713	0.01962
0.9	3.0	13.965	0.3328	9.742	2.305	4.549	0.01803
1.0	3.0	21.553	0.5399	11.54	2.507	5.945	0.01099
1.0	5.0	32.247	5.3377	13.06	2.340	5.002	0.008550
1.0	7.0	41.500	9.8698	14.25	2.202	4.294	0.006919
1.1	4.0	39.554	3.7488	14.42	2.514	6.379	0.005891
1.1	8.0	63.386	13.542	16.82	2.314	5.211	0.004432
1.1	13.0	87.873	24.836	18.85	2.197	4.557	0.003582
1.2	8.0	86.731	15.596	19.10	2.458	6.379	0.003053
1.2	20.0	152.83	43.248	23.30	2.209	4.959	0.002147
1.2	40.0	240.22	85.357	27.67	2.063	4.119	0.001552
1.3	20.0	197.60	47.605	26.01	2.268	5.665	0.001511
1.3	50.0	347.50	112.35	32.21	2.064	4.438	0.001019
1.3	90.0	511.71	192.64	37.53	1.965	3.855	0.0007648

$$e^* = T^* \left\{ \frac{3}{2} + \sum_{i=1}^{4} \frac{B_i}{4} x^i + \frac{B_{10}}{4} x^{10} - \frac{1}{T^{*1/2}} \sum_{i=1}^{5} \left(\frac{i}{4} + \frac{1}{2} \right) C_i x^i + \frac{1}{T^*} \sum_{i=1}^{5} \left(\frac{1}{4} + \frac{1}{i} \right) D_i x^i \right\} \tag{5.2}$$

$$a^{*2} = \kappa T^* \left\{ 1 + \sum_{i=1}^{4} B_i x^i + B_{10} x^{10} - \sum_{i=1}^{5} \frac{i C_i x^i}{T^{*1/2}} + \sum_{i=1}^{5} \frac{D_i x^i}{T^*} \right\} \tag{5.3}$$

これらの式の定数値は表 5.2 に示すとおりである．なお，式 (5.3) のκは比熱比であり，$x = n^*(1/T^*)^{1/4}$である．各近似式の精度は，p^*に対しては最大で

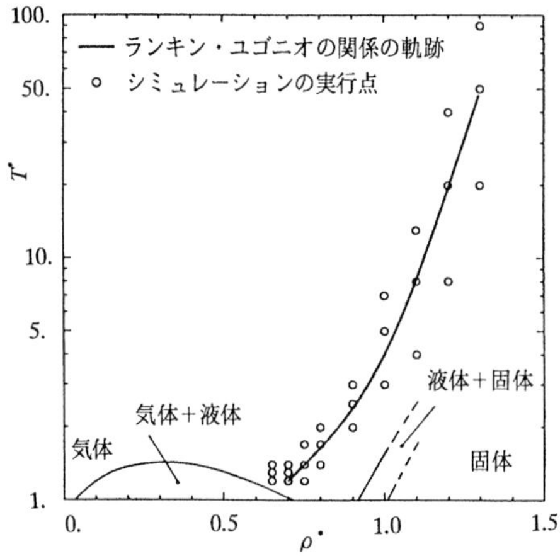

図 5.1 状態図上におけるシミュレーションの実行点とランキン・ユゴニオの関係

表 5.2 最小 2 乗法による近似式の定数値

	B_1	B_2	B_3	B_4	B_{10}
(a)	-24.025282	160.84006	-282.7695	204.5767	-52.42708
(b)	-39.08913	303.4584	-644.1632	482.2779	-138.0567
(c)	-850.4346	5311.678	-10792.56	7417.475	-1862.315
	C_1	C_2	C_3	C_4	C_5
(a)	-530.44913	1711.6430	-2718.598	2183.567	-703.4653
(b)	-0.236855	248.9286	-843.5492	1059.927	-457.2865
(c)	-10174.78	37128.30	-65907.18	57283.08	-19554.85
	D_1	D_2	D_3	D_4	D_5
(a)	-1009.9691	6245.3103	-14488.87	14965.43	-5805.797
(b)	266.5399	-2428.503	6245.577	-6311.624	2205.504
(c)	-7258.985	57814.16	-163182.0	196804.0	-86430.69

(a) 圧力 p^*, (b) エネルギー e^*, (c) 音速の自乗 a^{*2}

約 0.6 %，e^* に対しては 0.4 %程度，a^{*2} に対しては約 2.6 %の誤差となる．a^{*2} の近似式は p^* と e^* に比べて比較的誤差が大きいが，それでも平均は 0.5 %程度の誤差なので，十分な精度を有している．

5.1.2 ランキン・ユゴニオの関係

静止垂直衝撃波[6]の場合，上流と下流における諸量の関係は，気体・液体の区別なく，質量，運動量，エネルギーの保存則より得られる．すなわち，流速を u で表せば，

$$\rho_1 u_1 = \rho_2 u_2 \tag{5.4}$$

$$p_1 + \rho_1 u_1^2 = p_2 + \rho_2 u_2^2 \tag{5.5}$$

$$\frac{u_1^2}{2} + \frac{p_1}{\rho_1} + e_1 = \frac{u_2^2}{2} + \frac{p_2}{\rho_2} + e_2 \tag{5.6}$$

ただし，添字 1, 2 はそれぞれ上流，下流の量を意味する．式 (5.4) を用いて u_2 を消去すると，

$$(\rho_1 u_1)^2 = \rho_2(p_1 - p_2 + \rho_1 u_1^2) \tag{5.7}$$

$$\frac{1}{2}u_1^2 + \frac{p_1}{\rho_1} + e_1 = \frac{(p_1 + \rho_1 u_1^2)^2 - p_2^2}{2\rho_1^2 u_1^2} + e_2 \tag{5.8}$$

となる．先に圧力 p および内部エネルギー e が ρ と T の関数として得られているので，u_1，ρ_1，T_1 が与えられれば，式 (5.7) と (5.8) より ρ_2，T_2 を得ることができる．ただし，式 (5.7)，(5.8) は連立非線形方程式なので解析的には解けない．そこで数値解法を次に示す．

連立非線形方程式の数値解法は通常逐次近似法などにより解かれるが，用いたアルゴリズムが収束解を与えるとは限らないという，発散の問題を必ず抱えている．本研究では発散とはまったく無関係な準乱数を用いた解法を用いる．多重積分を数値的に求める場合，シンプソンの公式などを多重積分に応用するよりも，乱数特に準乱数を用いて多重積分を求めるほうが遥かに効率的であることがわかっている．本解法はこの概念を連立非線形方程式に応用したものである．まず，解が存在すると思われる領域を十分に含むような領域を設定する．準乱数を用いて領域内を走査し（本研究では約 500 点），式 (5.7) と (5.8) のそれぞれの左辺と右辺の差の絶対値の和が小さくなる点（本研究では約 20 点）を選び出す．この点をすべて含むように領域を設定し直して，同様の操作を繰り返す．このようにして領域を狭めていくことにより解が得られる．この計算プロ

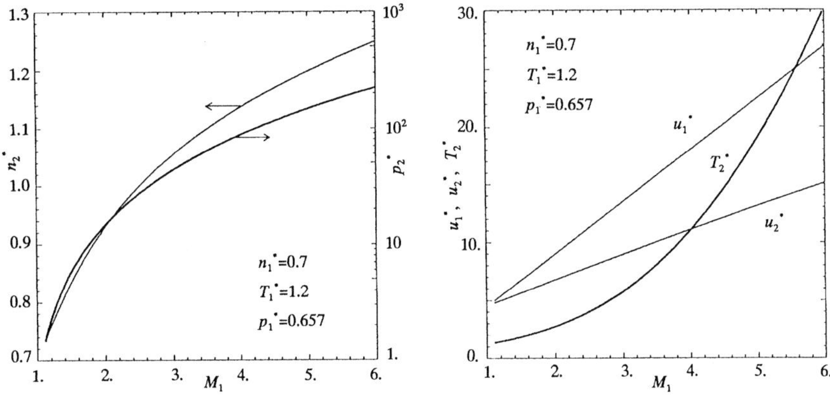

(a) 数密度および圧力　　(b) 速度および温度

図 5.2 レナード・ジョーンズ液体に関するランキン・ユゴニオの関係

グラムの作成は非常に簡単であり，発散の問題はまったく生じないので，より複雑な連立非線形方程式の解法として非常な威力を発揮するものと期待される．

得られたランキン・ユゴニオの関係の結果を図 5.2 に示す．ただし，静止垂直衝撃波の上流の条件をレナード・ジョーンズ流体の液体状態として，$\rho_1^* = 0.7$, $T_1^* = 1.2$ とした．図の横軸は，上流側流速を音速で除した衝撃波マッハ数である．図 5.2 から明らかなように，衝撃波マッハ数が増すほど，衝撃波背後の圧力および温度が非常に増すことがわかる．例えば，圧力は $M_1 = 6$ で約 200 倍，温度は約 30 倍という非常に大きな値となる．温度がこのように高くなるのは，上流の分子が持っていた運動エネルギーが，熱運動に変換されるためである．

5.1.3 垂直衝撃波の分子動力学シミュレーション

用いるモデル系を図 5.3 に示す．初期状態として，z軸の正の側では数密度がn_1になるように，負の側では n_2になるように，シミュレーション領域の長さL_1および L_2を定める．温度および平均速度の初期値も同様に，z軸の原点を境に，上流側で T_1，u_1，下流側で T_2，u_2に設定する．上流の境界面より流入する分子は，平均速度 u_1，数密度 n_1，温度 T_1の情報を有して領域内へと流入させ，一方，下流の境界面から流出する分子は平均速度 u_2，数密度 n_2，温度 T_2の情報を有して流出させる．x 軸および y軸方向に関しては周期境界条件を用

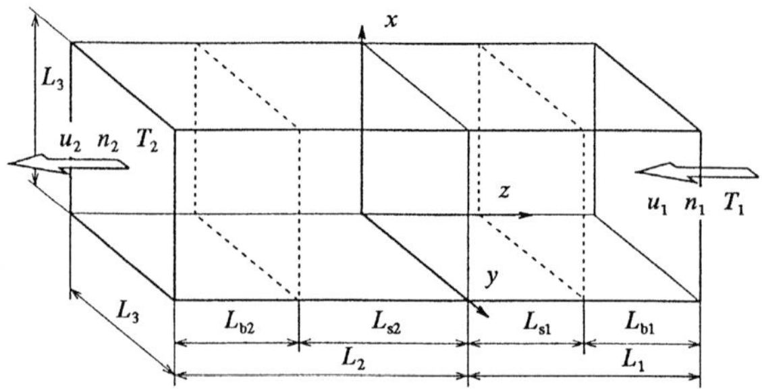

図 5.3 静止垂直衝撃波に関する分子動力学シミュレーション

いる．用いたアルゴリズムは velocity Verlet アルゴリズムである．上流と下流の境界には周期殻境界条件を適用する．

本衝撃波発生法は対象とする流体のランキン・ユゴニオの関係が既知であることを必要とする．流体が理想気体で近似できる場合はよいが，液体の場合には一般的にこの関係はわかっていない．本研究ではレナード・ジョーンズ液体を対象とするが，この場合のランキン・ユゴニオの関係は上で示したとおりである．シミュレーションにおいて静止した垂直衝撃波を得るためには，上流および下流の諸量をランキン・ユゴニオの関係を満足するように設定し，かつ，これらの値をシミュレーションを通して一定に保持しなければならない．これは殻内にいる分子の速度や殻の領域の長さを調節することにより達成できる．本問題のような衝撃波の場合には，時間ステップ毎にこのような操作を行うとかえって衝撃波形成に大きな影響を及ぼすので，一回ごとの修正量をできるだけ少なくするために，ある時間ステップごとにこの操作を実行するようにする．上流と下流の保持法は第 4.3.3 項に示したとおりである．

注目する微小体積における温度 T は，各軸方向の速度成分により定義される温度を用いて，$T = (T_x + T_y + T_z)/3$ より求める．各軸方向の温度の定義式は，平均値を算出するのに対象となった分子の数を N_s とすれば，次のとおりである．

$$\left.\begin{aligned} T_x &= \frac{m}{k}\frac{1}{N_s}\sum_{i=1}^{N_s} v_x^2 \\ T_y &= \frac{m}{k}\frac{1}{N_s}\sum_{i=1}^{N_s} v_y^2 \\ T_z &= \frac{m}{k}\left\{\frac{1}{N_s}\sum_{i=1}^{N_s} v_z^2 - \left(\frac{1}{N_s}\sum_{i=1}^{N_s} v_z\right)^2\right\} \end{aligned}\right\} \tag{5.9}$$

上流の値が $n_1^* = 0.7$, $T_1^* = 1.2$, $p_1^* = 0.657$ の場合について考える．シミュレーションは衝撃波マッハ数が $M_1 = 1.25 \sim 4.01$ の範囲内の 6 通りに対して行った．シミュレーションに際して設定した諸量の値を表 5.3 に示す．ただし，表 5.3 における速度および下流の状態量は，図 5.2 に示したランキン・ユゴニオ値を数値で示したものである．L_{b1}^* の値はシミュレーションの過程で変動するので，その平均値を示した．殻の領域は一辺の長さが $2\,r_{coff}^*$ より大きくなるように取っている．本研究ではカットオフ距離 r_{coff}^* を $r_{coff}^* = 3.0$ と取った．時間きざみ h^* の値の選定に際しては十分注意しなければならない．h^* をあまり大きく取ると，分子同士の過度の重なりが生じ，その結果，速度や圧力等の発散を生じさせてしまう．本研究では小さな系の予備計算より表 5.3 に示した値を採用したが，h^* の取り得る最大値を意味しているものではないので注意されたい．

シミュレーションは初期速度を 3 通りに変えて，それぞれ 40,000 時間ステップまで行うことにより，衝撃波面の形成過程および内部構造の評価を行った．ただし，内部構造自体の評価においては，最初の 20,000 ステップぐらいまでは非定常状態なので，平均操作は 20,000 ステップから 40,000 ステップ間で行って

表 5.3　ランキン・ユゴニオ値および諸量の設定値

Shock Mach Number, M_1	u_1^*	u_2^*	n_2^*	T_2^*	p_2^*	h^*	L_3^*	L_{s1}^*	L_{b1}^*	L_{s2}^*	L_{b2}^*
1.25	-5.6	-5.08	0.772	1.50	2.71	0.00027	6.8	3.3	6.6	10.2	8.5
1.69	-7.6	-6.08	0.875	2.16	8.74	0.0002	6.5	3.6	7.0	9.8	8.2
2.12	-9.5	-7.02	0.947	3.00	17.2	0.00016	6.4	3.7	7.6	7.2	8.0
2.56	-11.5	-8.00	1.006	4.19	28.9	0.00014	6.3	3.9	7.9	6.3	7.8
3.21	-14.4	-9.39	1.073	6.62	51.2	0.00011	6.1	6.1	8.0	3.6	7.7
4.01	-18.0	-11.1	1.136	11.0	87.8	0.00009	6.0	6.2	5.7	3.0	7.6

いる．また，衝撃波面の形成過程評価においては，各 2,000 ステップ間の平均値を計算することで，密度分布や温度分布等の推移を見ている．上流および下流の値を一定に保持するための，分子速度のスケーリングや殻の長さの調節は，2,000 ステップごとに行うようにした．ただし，下流の数密度を一定にするための殻の長さの調節は，今回は行っていない．このような操作を実行しなくても，静止垂直衝撃波が得られることは，次に示す結果より明らかとなる．

衝撃波面の形成過程を $M_1 = 4.01$ に対して図 5.4 に示す．図の配置は，左端の図から右側に行くに従って時間が進行した分布の配置となっている．図中の t_{step} は時間ステップを意味し，$t_{step} = 1,000$ は 0 ～ 2,000 ステップ間での平均値，$t_{step} = 5,000$ は 4,000 ～ 6,000 ステップ間での平均値を意味し，他の場合も同様である．各分布は，数密度が $\hat{n} = (n - n_1)/(n_2 - n_1)$，速度が $\hat{u} = (u - u_2)/(u_1 - u_2)$，温度が $\hat{T}_x = (T_x - T_1)/(T_2 - T_1)$ ($\hat{T}_z$ も同様)，圧力

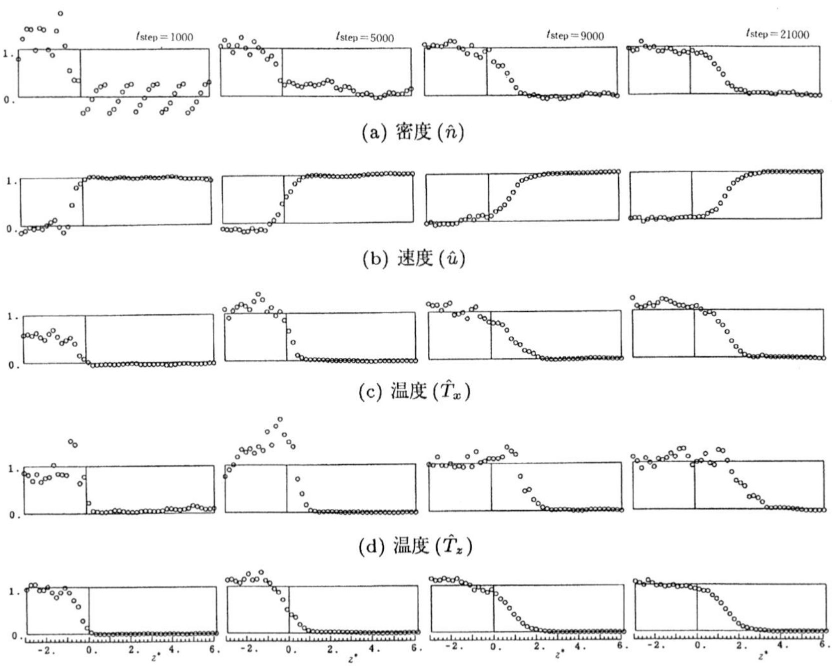

(a) 密度 ($\hat{n}$)

(b) 速度 ($\hat{u}$)

(c) 温度 ($\hat{T}_x$)

(d) 温度 ($\hat{T}_z$)

(e) 圧力 ($\hat{p}$)

図 5.4　衝撃波面の形成過程 ($M_1 = 4.01$)

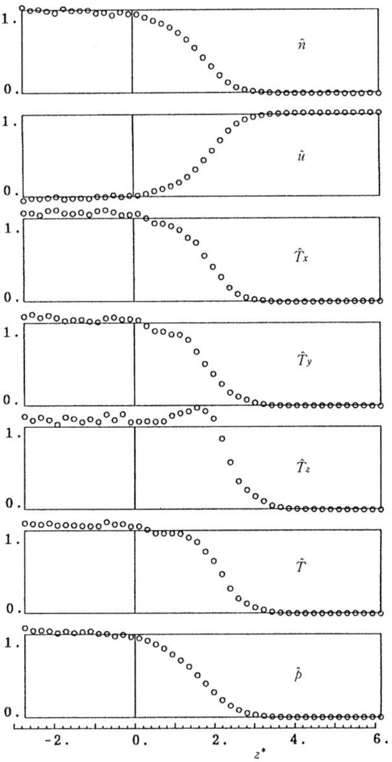

図 5.5 衝撃波面の内部構造 ($M_1 = 4.01$)

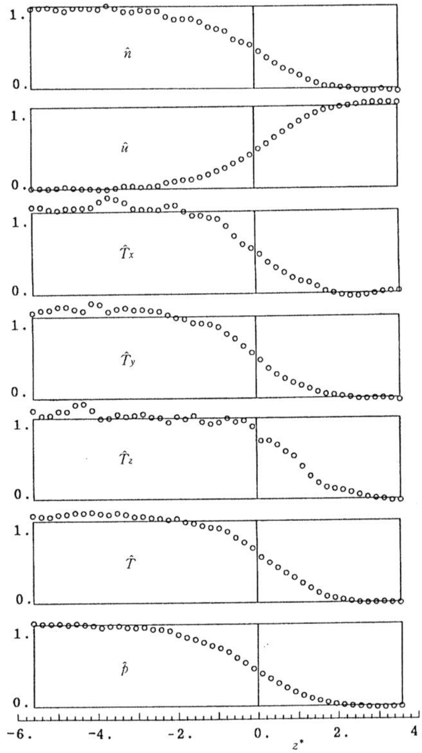

図 5.6 衝撃波面の内部構造 ($M_1 = 2.12$)

が$\hat{p} = (p - p_1)/(p_2 - p_1)$の分布が示してある．なお，$t_{step} \geq 21{,}000$での分布は統計誤差の範囲内で一致している．

初期状態としての不連続な分布から，時間の進行とともに静止垂直衝撃波が形成されていく様子が図 5.4 よりはっきりと観察できる．$t_{step} = 1{,}000$の場合，上流での密度分布が周期的な分布状態となっているが，これは分子の初期配置の情報がこの時点で消失していないことを意味している．その波長は初期配置の格子定数の約半分程度の長さとなっている．各分布とも時間の進行とともに上流および下流の状態量が，ランキン・ユゴニオ値に落ち着くようになる．

次に，衝撃波面の内部構造の結果を$M_1 = 4.01$と 2.12 に対して図 5.5 と 5.6 に示す．本結果はピストン駆動による従来の内部構造のデータと比較して非常に滑らかできれいな分布となっている．図5.5の分布で最も興味深いのは$\hat{T}_z$の分布である．気体に関するモンテカルロ直接法による結果[7]によると，気体の場合$\hat{T}_z$のオーバーシュートが$M_1 = 2.5$程度でも確認されているが，液体の場合に生じるかどうかは現在まではっきりとはしていなかった．しかしながら，図5.5は液体の場合も波面に垂直な方向の温度がオーバーシュートを生じる分布となることをはっきりと示している．一方，図5.6の$M_1 = 2.12$の場合にはこのようなオーバーシュートを有する分布とはなっていない．また，$\hat{T}_z$と$\hat{T}_x$を比較すればわかるように，衝撃波上流の分子の有する運動エネルギーは，まず波面に垂直な方向の熱運動に分配され，その後波面に平行な方向の熱運動へと分配されることがわかる．このような温度の非平衡性は気体の場合と同様である．衝撃波マッハ数が大きくなるほど波面が薄くなることがわかっているが，非常に強い衝撃波の波面厚さは分子直径の数倍程度となる[4]．

5.2 剛体球分子の円柱まわりの流れ

分子動力学法の物体まわりの流れへの適用に際して問題となる点は，領域境界における外部境界条件の取り扱いである．従来，主に二つの境界条件，すなわち，一様流の条件と周期境界条件が用いられてきた．一様流の条件は性質上希薄気体の流れにのみ適用できる．液体のように分子が比較的密に詰まった状態の場合，境界外の分子の位置もわからないと大きな誤差を生むので，このために液体の流れの場合，周期境界条件が絶対的に用いられることになる．第4.3節で述べたように，物体まわりの流れに周期境界条件を用いることは，単一物体まわりの流れではなく，物体群内の流れをシミュレートしていることになるので，余程の大きなシミュレーション領域を設定しないと，流れ場を大きく歪ませてしまう．実際，Rapaport[8]が得た円柱まわりの流れ場や円柱背後の渦の状態は，2次元系のシミュレーションであることを考慮しても，ナビエ・ストークス方程式の数値解と比較して非常に歪んだものとなっている．ここでは周期殼境界条件の有効性を検討するために，円柱まわりの希薄気体の超音速流の問題を取り上げる．速度分布，密度分布および温度分布に及ぼすシミュレーション領域の大きさの影響を，境界条件を周期殼境界条件，一様流の条件および自

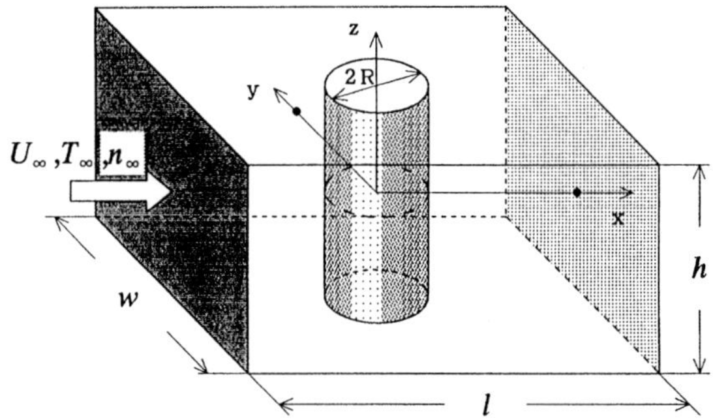

図 5.7 円柱まわりの希薄気体の流れ

由流出の条件の 3 通りに取って検討した結果[9]を示す.

5.2.1 モデル系および仮定

図 5.7 に示すように,本研究においては,温度 T_∞,分子の数密度 n_∞,流速 U_∞の一様流中に置かれた直径 $D(=2R)$ の円柱まわりの希薄気体の流れについて考える.シミュレーションの領域としては,奥行き l,幅 w,高さ h の直方体の領域を考える.この場合,分子は上流と下流の境界面および側面の境界面を通ってシミュレーションの領域内に出入りすることが可能となる.一方,円柱の軸方向の境界面に関しては周期境界条件を用いる.気体の流れとしては超音速流を対象とする.超音速流の場合,円柱の温度は無限遠方の一様流の温度 T_∞より高くなるのが通常であるが,ここではマッハ数がさほど大きくない流れを扱うとし,円柱の温度は T_∞に等しく一定と仮定する.分子モデルとしては直径 d の剛体球モデルを用い,分子の円柱との衝突に際しては拡散反射モデルを採用する.

5.2.2 シミュレーションのための諸パラメータ

設定した各パラメータの値は次のとおりである.分子直径が $d^*(=d/R)=0.07$,一様流速が $U_\infty^*(=U_\infty/v_{mp})$=2.0($v_{mp}$:最確熱速度),数密度が $n_\infty^*(=n_\infty/(1/R^3))$=3.83 と 7.66 の 2 通りである.これらの値を用いて関係する無次元数 (クヌッセン数は希薄の程度を,レイノルズ数は粘性の程度を,マッハ数は音速に対する流速の程度を表す重要な無次元数である.詳しくは流体力学および希薄気体力学の適当な参考書を参照されたい) の値を求めると，クヌッセン数が $Kn = 6(n^*_\infty = 3.83$ に対して) および $3(n^*_\infty = 7.66$ に対して)，レイノルズ数が $Re = 0.6(n^*_\infty = 3.83$ に対して) および $1.2(n^*_\infty = 7.66$ に対して)，マッハ数が $M = 2.2$ である．ただし定義式は次のとおりである．クヌッセン数は $Kn = \lambda/D(\lambda = (2^{1/2}\pi d^2 n_\infty)^{-1}$:平均自由行程)，マッハ数は $M = U_\infty/(\kappa k T_\infty/m)^{1/2}(\kappa = 5/3$:単原子分子気体に対する比熱比)，レイノルズ数は $Re = \rho_\infty U_\infty D/\mu$ ($\mu = 5m(kT_\infty/\pi m)^{1/2}/16d^2$:粘度) である．シミュレーションの領域を $(l^*, w^*, h^*)(=(l/R, w/R, h/R))$=(8,6,6),(10, 8, 6), (16, 12, 6) の 3 通りに取って領域の大きさの影響を調べたが，上述の 3 通りに対する結果の精度を同程度にするために，分子が円柱に衝突する回数をそれぞれ 30,000 回程度になるまで計算を進めて速度場等の評価を行っている．ただし，最初の 1,000 回の結果は初期条件の影響を受けているので平均操作には加えない．なお，最も大きなシミュレーション領域を用いた場合，$n^*_\infty = 7.66$ に対して約 10,000 個の分子を取り扱うことになる．外部境界条件の比較として，周期殻境界条件の他に，一様流の条件および上流の境界面以外では流入分子を考慮しない自由流出条件の 3 通りの条件を用いて比較を行っている．周期殻境界条件に際しては，殻の領域は境界面から内部に向かっての深さを w_{shell} とすれば，w^*_{shell} ($= w_{shell}/R) = 0.5, 1.0$ の 2 通りに取って検討した．以下にシミュレーションの結果を示すが，数密度を $n^*_\infty = 3.83$ と 7.66 の 2 通りに取った場合，および，領域を $w^*_{shell} = 0.5$ と 1.0 の 2 通りに取った場合，その本質的な相違が顕著に見られなかったので，以下においては $n^*_\infty = 7.66$ および $w^*_{shell} = 0.5$ についての結果のみを示す．

5.2.3 結果と考察

最大および中間の大きさのシミュレーション領域を用いた場合の，外部境界条件による密度分布の相違を図 5.8 に示す．実線が領域大の場合，破線が領域中の場合の結果である．同様の図が領域大と小に関して図 5.9 に示してある．図 5.8 および 5.9 のどちらにおいても，比較の基準になっている領域大の場合の分布は一様流の条件を用いて得たものである．図中の等高線は，局所密度を n とすれば，$n/n_\infty = \cdots, 0.8, 1.0, 1.2, \cdots$ に対して描かれている．

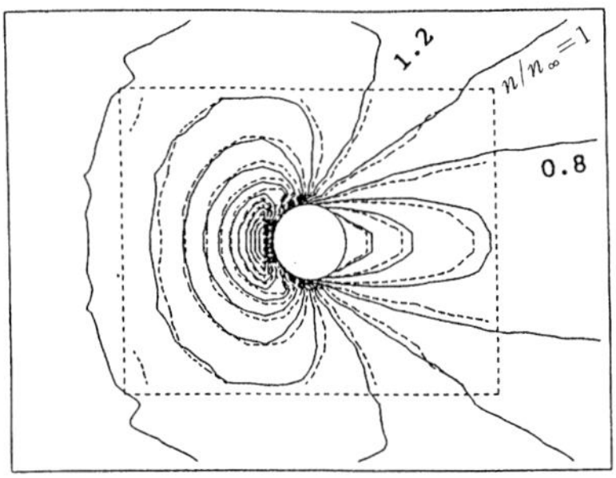

(a) 周期殻境界条件

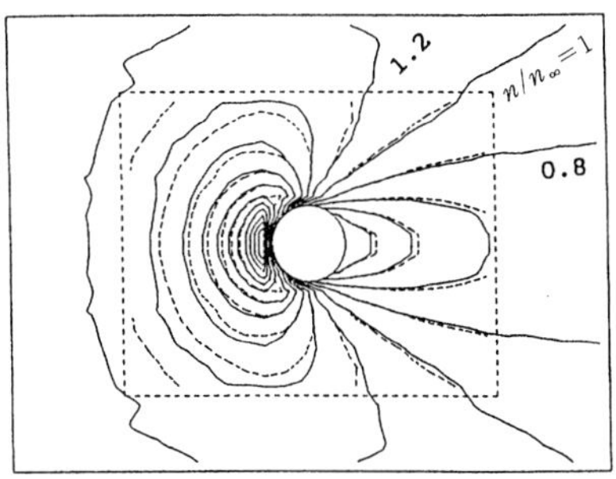

(b) 一様流の条件

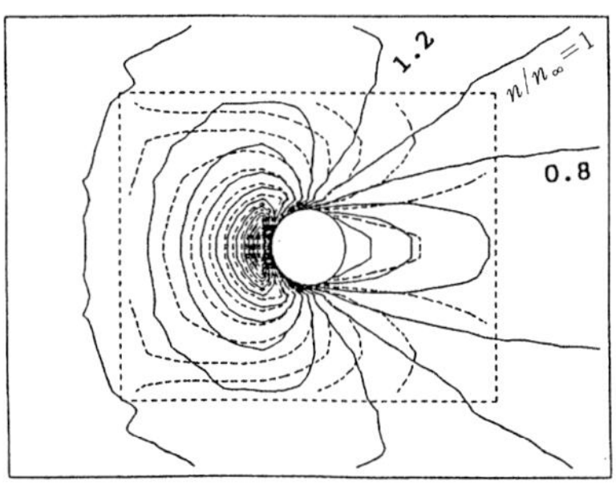

(c) 自由流出の条件

図 5.8 密度分布
(領域が $(l^*, w^*, h^*)=(10, 8, 6)$ と
(16, 12, 6) の場合)

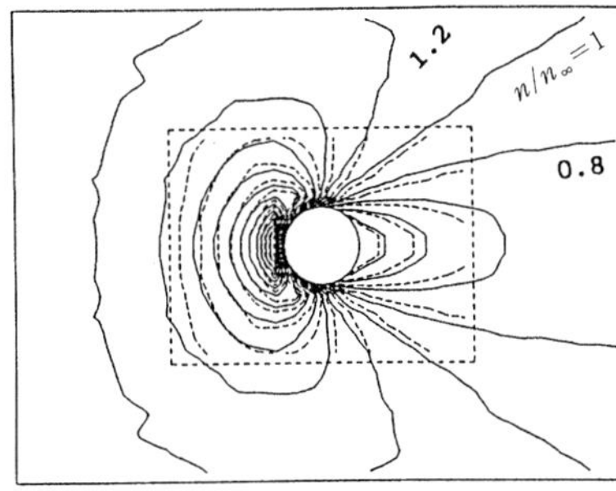

(a) 周期殻境界条件

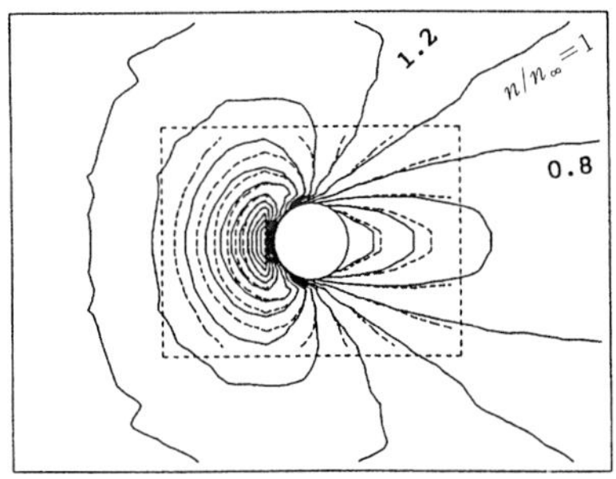

(b) 一様流の条件

図 5.9 密度分布
(領域が $(l^*, w^*, h^*)=(8, 6, 6)$ と
(16, 12, 6) の場合)

図 5.8(b) および図 5.9(b) から次のことがわかる．一様流の条件においては，領域を小さくすると円柱前方の領域の密度分布がかなり歪むようになる．この

傾向は小さな領域を用いるほど顕著に現れる．一様流の条件の場合，上流および側面の境界面から分子が一様流の情報を有して流入してくるので，円柱前方の密度上昇域が全体的に小さく圧縮されたような分布になっている．一方，周期殻境界条件を用いた場合，円柱前方での密度分布は非常によい一致を示しており，図 5.8(b) との差は歴然としている．円柱後方の密度分布は幾分円柱方向に圧縮された分布となっているが，流れは超音速流なので，このような円柱後方の密度分布は下流の影響というよりは，円柱前方および側面の密度分布から微妙に影響を受けているものと推察される．

殻の領域内に分子が十分な数だけ存在しないと，仮想分子との相互作用があまりないことになるので，その結果，自由流出の境界条件の結果に漸近するはずである．この影響を見るために，図 5.8(c) に自由流出の条件を用いた場合の結果が示してある．この図は明らかに図 5.8(a) や (b) と大きく異なっており，周期殻境界条件は十分に機能していることがわかる．このように，下流の情報が上流方向に伝わりにくい超音速流の問題といえども，自由流出の条件は大きな誤差を生じさせるので，周期殻境界条件などを用いるほうがよい．さらに小さな領域を用いた場合の密度分布である図 5.9 の (a) と (b) から明らかなように，周期殻境界条件を用いた結果は，円柱前方の密度分布について言えば，ごく上流の境界付近を除けば，領域大の場合の分布とさほど変わらない．これは一様流の条件を用いた図 5.9(b) の結果が大きく歪んでいるのとは対照的である．

領域中と取った場合の速度分布を図 5.10 に示す．周期殻境界条件と一様流の条件の場合とでは，ほとんど差異は見られない．一方，自由流出の条件の速度分布は明らかに前 2 者と異なり，円柱側面の境界面からの流出が強調された速度ベクトル図となっている．

5.3 レナード・ジョーンズ分子の円柱まわりの流れ

ここでは非剛体分子モデル系に対して，周期殻境界条件の有効性を検討した結果[10]を示す．シミュレーションは，レナード・ジョーンズ流体の液体に近い状態での円柱まわりの流れを周期殻境界条件および周期境界条件を用いて行った．さらに,比較のために，ナビエ・ストークス方程式の差分法による数値解も

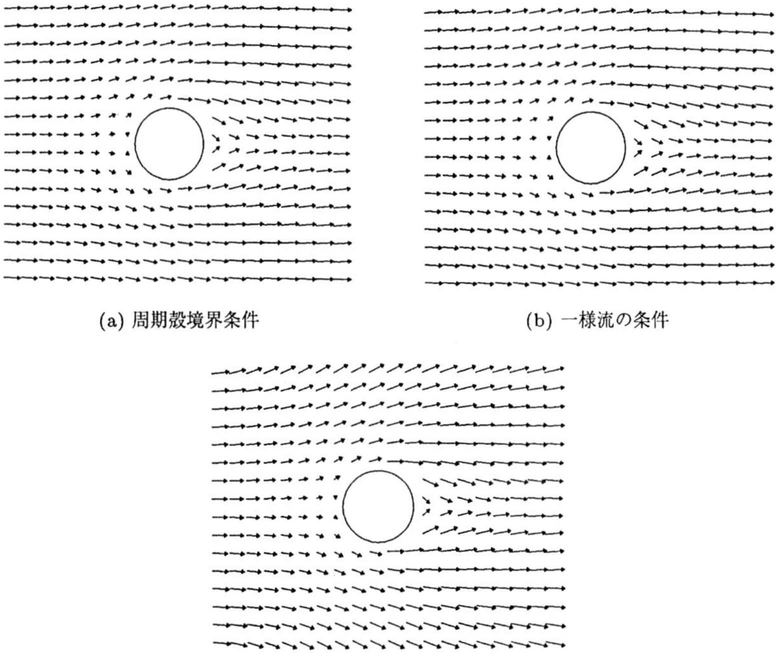

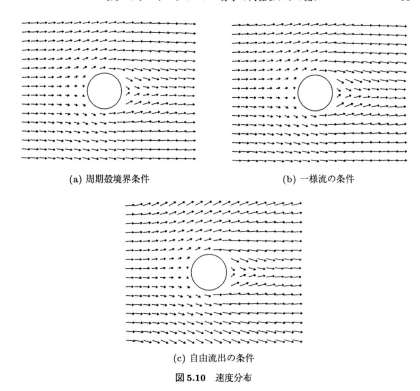

(a) 周期殻境界条件　(b) 一様流の条件

(c) 自由流出の条件

図 5.10 速度分布

求めている．得られた速度場および円柱背後の渦の形成状態を比較することにより，周期殻境界条件の有効性が明らかとなる．

5.3.1 モデル系

温度 T_∞，分子の数密度 n_∞，流速 U_∞ の一様流中に置かれた直径 $D(=2R)$ の円柱まわりの流れについて考える．ただし，計算時間の都合上，分子の運動は 2 次元運動とする．したがって，本研究は厚みのない円柱まわりの流れをシミュレートすることになる．図 4.7 に示すように，流れは x 軸方向とし，殻の領域の厚さを w_s とする．後に示す w_s の値からわかるように，殻の厚さはシミュレーション領域の大きさよりも十分小さく取る．分子が円柱と衝突する際，拡散反射モデルを用いて処理する．想定した流れを作り出すためには，上流側にて分子の速度や殻の厚さを調節する必要があるが，この処理法は第 4.3.3 項で述べている．ここでは，液体に近い状態の流体の遅い流れを対象とし，カルマン渦列が生じるような非定常な流れは取り扱わない．

分子シミュレーションによる解と比較するために，差分法を用いたナビエ・ストークス方程式の数値解も求めている．ここでは渦度輸送方程式と流れ関数の方程式を extrapolated line-Liebmann 法で解き，その際外部境界は外挿条件を用いた．これらの詳細は数値流体力学の一般的な参考書を参照されたい．なお，本分子シミュレーションは分子が平面内での運動に制限される 2 次元系の流れなので，厳密な意味での定量的な比較はできないことを前もって指摘しておく．

5.3.2 シミュレーションのための設定条件

シミュレーションを行うに際して設定した値は以下のとおりである．円柱直径は $D^* = 10$ とし，領域の大きさは小・中・大の 3 通りの場合を考え，それぞれ (l^*, w^*)=(40, 30), (54, 40), (66, 50) と取った．分子間相互作用のカットオフ半径は $r^*_{coff} = 3$ とし，殻の領域の厚さ w^*_s は r^*_{coff} とほぼ同じ値に取っている．時間きざみ h^* は，小さな系の予備計算より，$h^* = 0.0002$ の一通りの値を採用している．上流側殻内での速度および温度を一定値に保持する操作は約 100 時間ステップごとに行い，数密度を一定にする操作は約 400 時間ステップごとに実施している．シミュレーションはすべて 80 万時間ステップまで実行し，その内諸量の平均値は 20 万から 80 万ステップ間で算出し，最初の 20 万ステップまでの値は非定常状態なので平均操作には加えない．なお，非定常状態であるとした範囲を 20 万ステップとした根拠は，粒子分布と速度ベクトル図をある時間ステップごとに出力し，その結果を用いて判断して得られたものである．

本研究で行った 9 通りのシミュレーションに関する一様流の状態を表 5.4 に示す．ただし，表中の値は円柱前側の殻の両端付近での値を取って一様流の値としている．ケース A, B は周期殻境界条件を用いた結果であり，その内ケース A は円柱背後に一対の渦が形成されない場合，ケース B は形成される場合の状態である．一方，ケース C は周期境界条件を用いて一対の渦が形成される場合を示してある．本来ならばレイノルズ数を基準にして比較しなければならないが，レナード・ジョーンズ流体の 2 次元系の状態量や輸送係数は，3 次元系と異なり，十分なデータがないので，ここでは渦形成の一様流の状態を基準

表 5.4 シミュレーションにおける一様流の値

	シミュレーション領域	U^*_∞	T^*_∞	n^*_∞	境界条件
Case A1	small	3.0	1.5	0.91	周期殻境界条件
Case B1	small	4.2	1.9	0.91	
Case A2	medium	2.6	1.3	0.83	
Case B2	medium	3.3	1.3	0.86	
Case A3	large	2.3	1.3	0.86	
Case B3	large	3.3	1.3	0.87	
Case C1	small	2.1	1.1	0.87	周期境界条件
Case C2	medium	2.2	1.0	0.82	
Case C3	large	2.2	0.9	0.80	

に取って比較を試みている．したがって，表 5.4 は多数のシミュレーションの結果から上記基準に従って選定した場合が載せてある．ただし，音速についは 2 次元のモンテカルロ法により求まっており，上記 9 通りの一様流のマッハ数 M は $0.23 \leq M \leq 0.38$ の範囲内の値を取る．

5.3.3 結果と考察

周期殻境界条件を用いて得た速度ベクトルの結果を図 5.11 に示す．図 5.11 は円柱背後に一対の渦が生じないケース A の場合の結果である．同様に周期境界条件を用いた結果を図 5.12 に示す．また，厳密な定量的比較はできないけれども，ナビエ・ストークス方程式の差分法による数値解析の結果を図 5.13 に示す．図 5.13 は円柱背後に一対の渦が十分発達して形成される $Re = 17$ の結果である．周期境界条件を用いた場合，円柱側面方向の境界領域付近における速度の y 方向成分がほぼゼロになっており，流体は境界面に沿って流れている．一方，周期殻境界条件を用いた場合，流体は円柱側面方向の境界面を通っても領域外へと流出する．このような流れはナビエ・ストークス方程式の数値解である図 5.13 の結果と定性的に一致する．周期境界条件を用いた結果は，明らかにこの境界条件の性質を反映しているもので，結局のところ単一円柱まわりの流れをシミュレートしているのではなく，円柱群内の流れをシミュレートしていることになってしまっている．ところで，本境界条件の結果はナビエ・ストークス

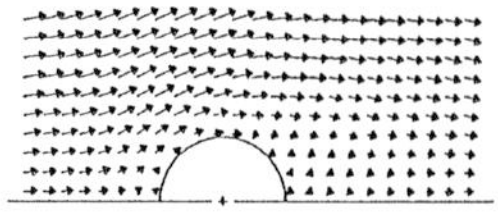

(a) Case A1

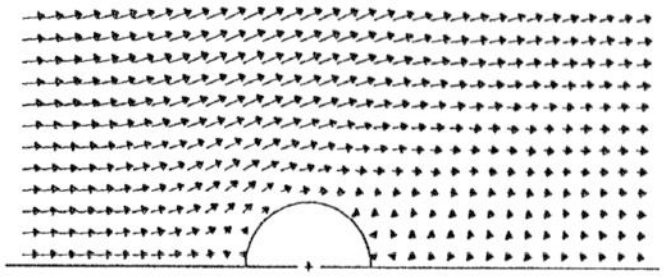

(b) Case A2

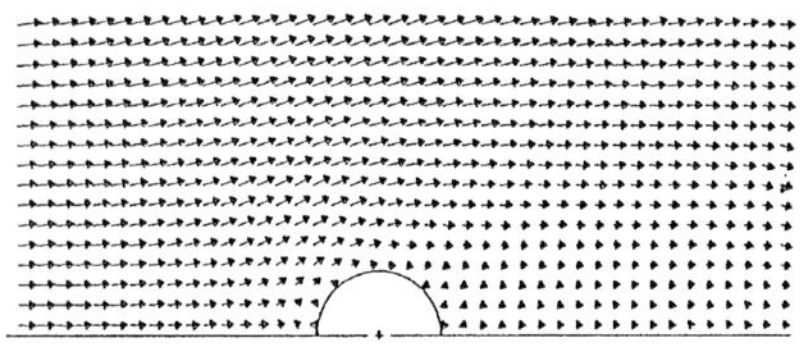

(c) Case A3

図 5.11　速度ベクトル図 (周期殻境界条件)

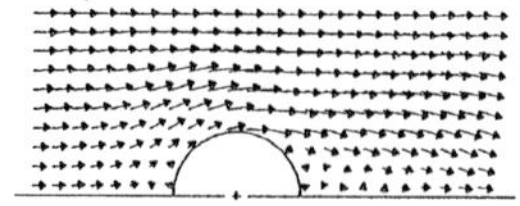

(a) Case C1

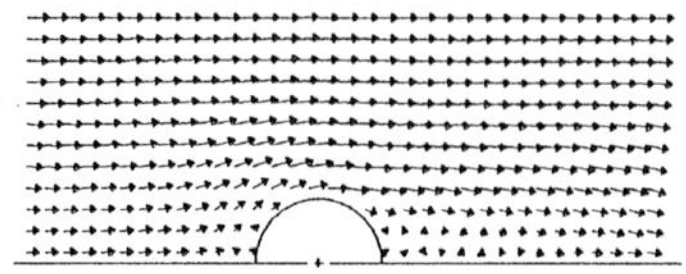

(b) Case C2

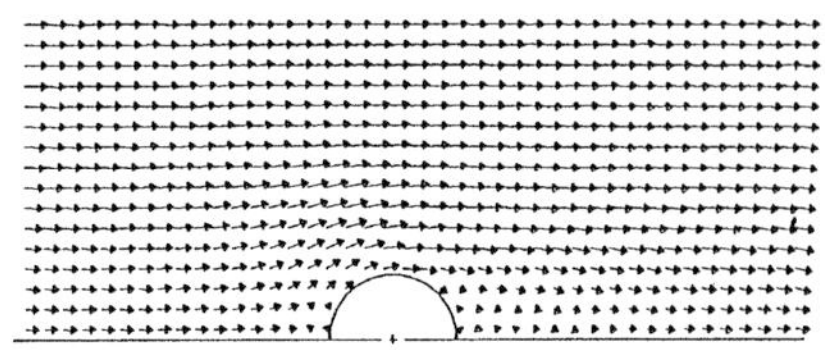

(c) Case C3

図 5.12　速度ベクトル図 (周期境界条件)

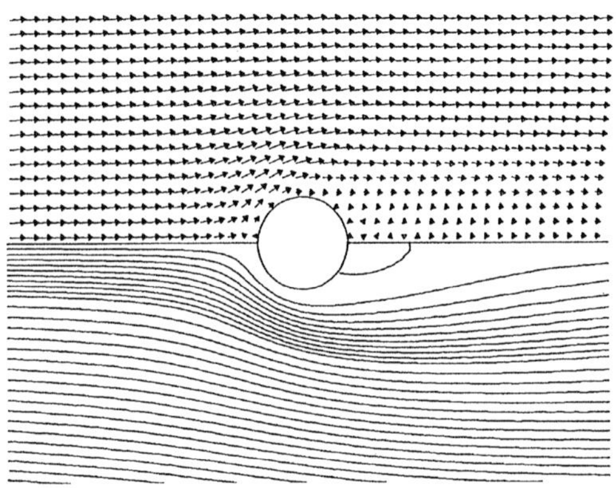

図 5.13　ナビエ・ストークス方程式の差分法による数値解
($Re = 17$ の場合の速度ベクトルと流線)

方程式の結果よりもかなり円柱側面方向の境界より領域外へと流出する傾向が強い．この原因として，二つが考えられる．第 1 の原因として，円柱が分子直径に対して十分大きくなかったこと，第 2 の原因として，分子の運動を 3 次元運動とするのではなく，2 次元運動に制限していることである．第 1 の原因を

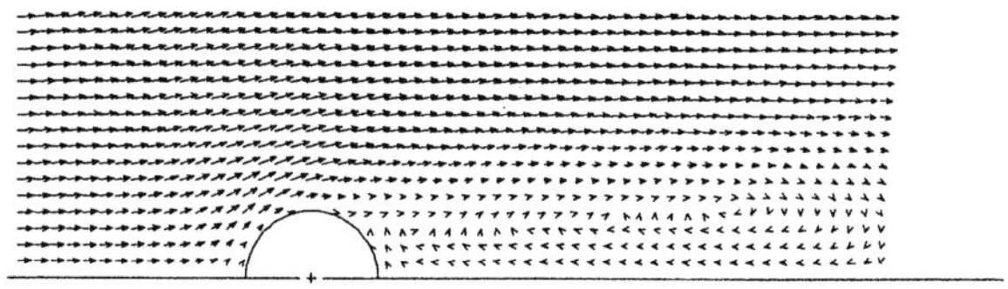

図 5.14　速度ベクトル図 (周期殻境界条件，$D^*=50$, $l^*=375$, $w^*=200$)

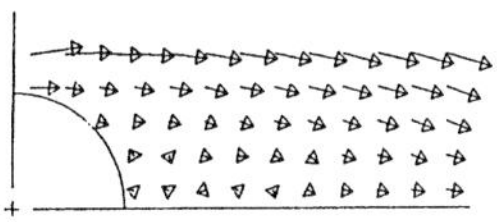

(a) Case B1

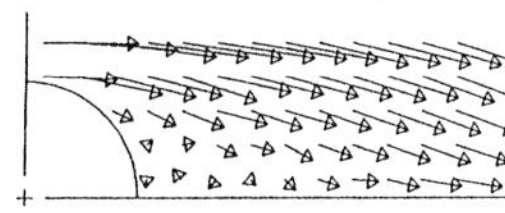

(d) Case C1

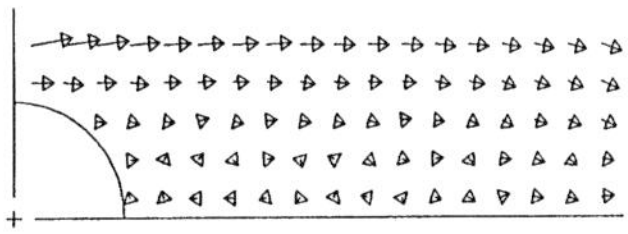

(b) Case B2

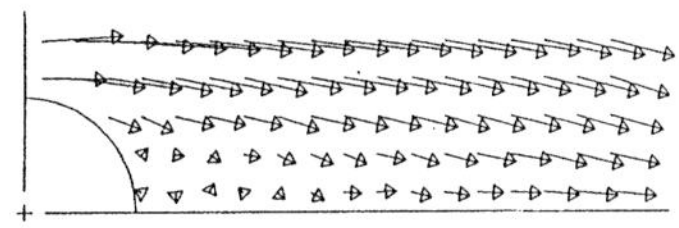

(e) Case C2

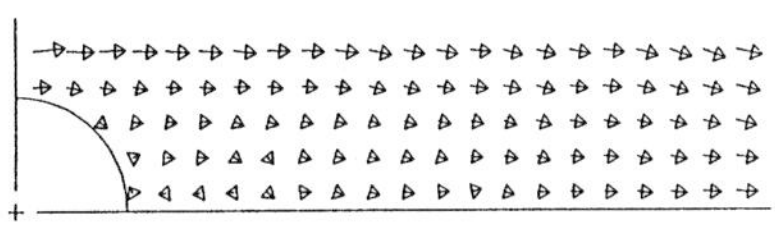

(c) Case B3

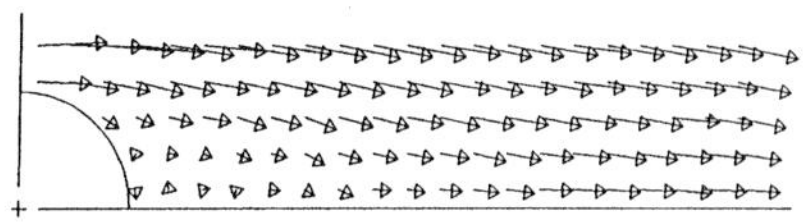

(f) Case C3

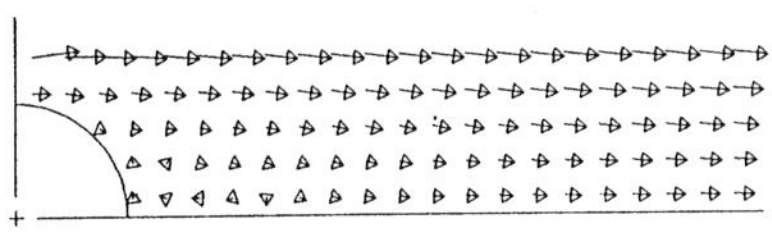

(g) Navier-Stokes

図 5.15　円柱背後の一対の渦の形成状態

見るために，$D^* = 50$ とした場合の結果を図 5.14 に示す．この結果は，$(n^*_\infty, U^*_\infty, T^*_\infty) = (0.89, 2.8, 1.0)$ および (l^*, w^*)=(375, 200) に対して得られたものであり，本来カルマン渦列をシミュレートするために行ったものである．したがって，円柱背後の速度ベクトルは意味がない．この図から明らかなように，この結果はナビエ・ストークス方程式の結果と非常によく一致しており，円柱側面方向の境界面を通って領域外へと流出する傾向が著しく改善している．

図 5.15 は円柱背後に生じる一対の渦の形成状態を比較するために，ケース B

および図 5.12,5.13 の円柱後部を改めて拡大して示したものである．図より明らかなように，本境界条件の結果はナビエ・ストークス方程式の数値解と比較して定性的およびある程度定量的にもよく一致している．一方，従来の境界条件を用いた結果は，円柱背後の渦がかなり円柱方向につぶれた状態となっている．このように，従来の周期境界条件は円柱背後の一対の渦をかなり歪んだものにしてしまうことがわかる．

文　献

1) G.A. Bird, "Molecular Gas Dynamics", Clarendon Press, Oxford (1976).
2) I. I. Glass 著 (高山和喜訳), "ショックウェーブ", 第 9 章, 丸善 (1987).
3) 佐藤　明, "レナード・ジョーンズ液体におけるランキン・ユゴニオの関係", 日本機械学会論文集 (B 編), 58(1992), 1419.
4) 佐藤　明, "レナード・ジョーンズ液体における垂直衝撃波の内部構造 (周期殻境界条件を適用した分子動力学シミュレーション)", 日本機械学会論文集 (B 編), 59(1993), 73.
5) F.H. Ree, "Analytic Representation of Thermodynamic Data for the Lennard-Jones Fluid", J. Chem. Phys., 73(1980), 5401.
6) 生井武文・松尾一泰, "衝撃波の力学", 第 3 章, コロナ社 (1983).
7) K. Nanbu and Y. Watanabe, "Analysis of the Internal Structure of Shock Waves by Means of the Exact Direct-Simulation Method", in Rarefied Gas Dynamics (edited by H. Oguchi), 183, University of Tokyo Press (1984).
8) D. C. Rapaport, "Microscale Hydrodynamics: Discrete-Particle Simulation of Evolving Flow Patterns", Phys. Rev. A, 36(1987), 3288.
9) 佐藤　明, "分子動力学シミュレーションのための新しい外部境界条件の開発 (周期殻境界条件)", 日本機械学会論文集 (B 編), 58(1992), 3515.
10) 佐藤　明, "非剛体分子モデル系への周期殻境界条件の適用 (円柱まわりの流れの分子動力学シミュレーション)", 日本機械学会論文集 (B 編), 60(1994), 1546.

6

高度な分子動力学法

第4章までは球形粒子を対象とした，基本的なシミュレーション法について論じた．この章では非球形分子の分子動力学や非平衡分子動力学法による輸送係数の評価法を示す[1]．

6.1 非球形分子の分子動力学

窒素や水などの分子動力学シミュレーションを行う場合，分子の並進運動の他に回転運動も考慮しなければならない．分子が分子振動などの内部自由度を有さない場合，分子の運動は分子の重心に関する並進運動と重心まわりの回転運動の重ね合わせで記述できる．並進運動についてはいままで述べてきたことがそのまま適用できる．一方，回転運動に関しては，次の運動方程式を解かなければならない．

$$\frac{d\boldsymbol{L}}{dt} = \boldsymbol{\tau} \tag{6.1}$$

ここに，$\boldsymbol{L}$は分子の重心まわりの角運動量，$\boldsymbol{\tau}$は他の分子から作用する重心まわりのトルクである．

単原子分子に作用する力は，通常2体ポテンシャルまでの相互作用のエネルギーを求めることにより得られるが，多原子分子同士の相互作用も，原子間の相互作用の拡張として表すことができる．すなわち，2分子間の相互作用のエネルギーは各原子間の相互作用のエネルギーの和として求められる．分子i, jの重心の位置ベクトルをそれぞれ$\boldsymbol{r}_i$, $\boldsymbol{r}_j$とし，分子の向きを表す単位ベクトルを$\boldsymbol{\Omega}_i$, $\boldsymbol{\Omega}_j$とすれば，分子i, j間の相互作用のエネルギー$u(\boldsymbol{r}_i, \boldsymbol{r}_j, \boldsymbol{\Omega}_i, \boldsymbol{\Omega}_j)$は次のように表される．

$$u(\boldsymbol{r}_i, \boldsymbol{r}_j, \boldsymbol{\Omega}_i, \boldsymbol{\Omega}_j) = u(\boldsymbol{r}_{ij}, \boldsymbol{\Omega}_i, \boldsymbol{\Omega}_j) = \sum_a \sum_b u_{ab}(r_{ab}) \tag{6.2}$$

ここに，$\sum_a$は分子iを構成する原子について和を取ることを意味し，$\sum_b$も分子jについて同様の意味である．また，r_{ab}およびu_{ab}は分子iに属する原子aと分子jに属する原子bとの距離および相互作用のエネルギー，$\boldsymbol{r}_{ij} = \boldsymbol{r}_i - \boldsymbol{r}_j$，である．

並進運動については第3章で述べたアルゴリズムがそのまま適用できるので，この節では主に分子の回転運動に関する動力学とアルゴリズム[2]について述べる．まず，直線状分子に関する回転の運動方程式およびそのアルゴリズムを検討し，次の項にて非直線状分子についての同様の検討を行う[3,4]．以上の検討では，分子を構成する原子の結合距離や結合角は一定で固定しているものとする．最後に，内部自由度を持ったより複雑な多原子分子への拡張が容易な拘束分子動力学[5]について述べる．

6.1.1 直線状分子

直線状分子の回転運動の状態は，分子の方向と重心まわりの角速度によって規定される．直線状物体の場合，作用するトルクとそれによって引き起こされる角速度は常に物体の軸に垂直になることが力学の教えるところである．すなわち，分子の軸の方向を単位ベクトル$\boldsymbol{e}$で表し，角速度を$\boldsymbol{\omega}$，トルクを$\boldsymbol{\tau}$とすれば，図6.1を参考にして，

$$\boldsymbol{\omega} \cdot \boldsymbol{e} = \boldsymbol{\tau} \cdot \boldsymbol{e} = 0 \tag{6.3}$$

いま，分子iを構成するある原子aに作用する，まわりの分子からの力を$\boldsymbol{f}_{ia}$とすれば，分子iの重心まわりに作用する力のモーメント$\boldsymbol{\tau}_i$は次式のように表される．

$$\boldsymbol{\tau}_i = \sum_a (\boldsymbol{r}_{ia} - \boldsymbol{r}_i) \times \boldsymbol{f}_{ia} = \sum_a \boldsymbol{d}_{ia} \times \boldsymbol{f}_{ia} \tag{6.4}$$

ただし，$\boldsymbol{r}_i$，$\boldsymbol{r}_{ia}$はそれぞれ分子iの重心および原子aの位置ベクトルであり，$\boldsymbol{d}_{ia}$は重心からの原子aの相対位置ベクトルである．なお，ここでは，空間に固

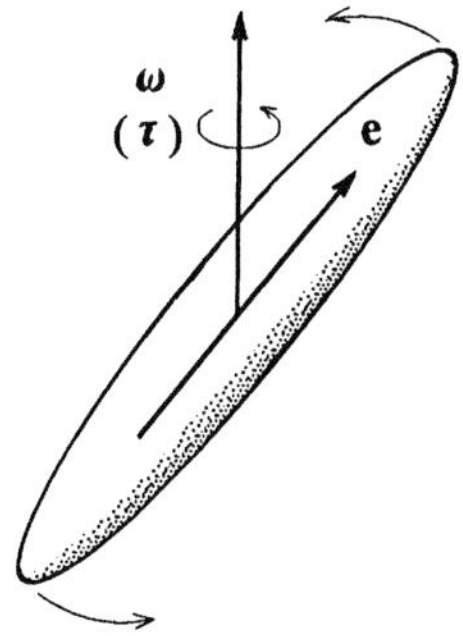

図 6.1 直線状分子

定した座標系を用いている．いま添字 i を落とし，$\boldsymbol{d}_a = D_a\boldsymbol{e}$とおけば，トルク$\boldsymbol{\tau}$は次のように書ける．

$$\boldsymbol{\tau} = \sum_a \boldsymbol{d}_a \times \boldsymbol{f}_a = \boldsymbol{e} \times \sum_a D_a \boldsymbol{f}_a = \boldsymbol{e} \times \boldsymbol{F} \tag{6.5}$$

この式はベクトル積の性質上次のようにも書ける．

$$\boldsymbol{\tau} = \boldsymbol{e} \times \boldsymbol{F}^{\perp} \tag{6.6}$$

ただし，

$$\boldsymbol{F} = \sum_a D_a \boldsymbol{f}_a \ , \ \boldsymbol{F}^{\perp} = \boldsymbol{F} - (\boldsymbol{F} \cdot e)e \tag{6.7}$$

重心まわりの回転の運動方程式は，慣性モーメントを Iとすれば，本来，次式で表されるが，

$$\frac{d\boldsymbol{e}}{dt} = \boldsymbol{\omega} \times \boldsymbol{e} \ , \ I\frac{d\boldsymbol{\omega}}{dt} = \boldsymbol{\tau} \tag{6.8}$$

$\boldsymbol{u}=\boldsymbol{\omega} \times \boldsymbol{e}$と置くことにより，取り扱いやすい次式を得る．

$$\frac{d\boldsymbol{e}}{dt} = \boldsymbol{u} \ , \ \frac{d\boldsymbol{u}}{dt} = \frac{\boldsymbol{F}^{\perp}}{I} + \lambda \boldsymbol{e} \tag{6.9}$$

ここに，式 (6.8) から式 (6.9) への変形に際して，式 (6.6) とベクトルの公式 $\boldsymbol{a} \times (\boldsymbol{b} \times \boldsymbol{c}) = (\boldsymbol{a} \cdot \boldsymbol{c})\boldsymbol{b} - (\boldsymbol{a} \cdot \boldsymbol{b})\boldsymbol{c}$を用いた．式 (6.9) に現れた$\lambda$は，差分近似によ

る方程式において，$\boldsymbol{e}$と$\boldsymbol{u}$が次の関係式を満足するための変数と考えればよい．

$$\boldsymbol{e}\cdot\boldsymbol{u}=\boldsymbol{e}\cdot(\boldsymbol{\omega}\times\boldsymbol{e})=0 \tag{6.10}$$

次に，leapfrog アルゴリズムによる式(6.9)の解法[2]を示す．式(3.91)と(3.92)において，$(\boldsymbol{r},\boldsymbol{v})$を$(\boldsymbol{e},\boldsymbol{u})$に対応させて考えれば，式(6.9)は次のように書ける．

$$\boldsymbol{e}^{n+1}=\boldsymbol{e}^{n}+h\boldsymbol{u}^{n+\frac{1}{2}}\ ,\ \boldsymbol{u}^{n+\frac{1}{2}}=\boldsymbol{u}^{n-\frac{1}{2}}+h\left(\frac{\boldsymbol{F}^{\perp n}}{I}+\lambda^{n}\boldsymbol{e}^{n}\right) \tag{6.11}$$

$\boldsymbol{u}^{n}$は式(3.93)と類似の式から得られるので，n時間ステップで式(6.10)を満足するように，λを決めると，

$$\lambda^{n}=-2\boldsymbol{e}^{n}\cdot\boldsymbol{u}^{n-\frac{1}{2}}/h \tag{6.12}$$

ここに$\boldsymbol{e}^{n}\cdot\boldsymbol{F}^{\perp n}=0$の関係を用いた．

以上より，式(6.11)と(6.12)を用いて分子の回転運動を追跡することができる．

6.1.2 非直線状分子

非直線状分子の運動方程式を記述する場合，空間に固定した直交座標系(空間座標系)とともに，慣性主軸に一致させるように分子に固定した直交座標系(分子座標系)を用いることは，慣性相乗モーメントがゼロになるので非常に都合がよい[6]．ただし，ここでは回転運動を問題にしているので，空間座標系の原点は注目する分子の重心に一致させるように取る．

空間および分子座標系における基本ベクトルをそれぞれ$(\boldsymbol{\delta}_x^s,\ \boldsymbol{\delta}_y^s,\ \boldsymbol{\delta}_z^s)$，$(\boldsymbol{\delta}_x^b,\ \boldsymbol{\delta}_y^b,\ \boldsymbol{\delta}_z^b)$で表すことにすると，任意ベクトル$\boldsymbol{a}$は次のように二通りに表せる．

$$\boldsymbol{a}=a_x^s\boldsymbol{\delta}_x^s+a_y^s\boldsymbol{\delta}_y^s+a_z^s\boldsymbol{\delta}_z^s=a_x^b\boldsymbol{\delta}_x^b+a_y^b\boldsymbol{\delta}_y^b+a_z^b\boldsymbol{\delta}_z^b \tag{6.13}$$

ここに，添字sは空間座標系，添字bは分子座標系に関係する量であることを意味する．ここで式(6.13)の座標成分を行ベクトル的に次のように表すことに

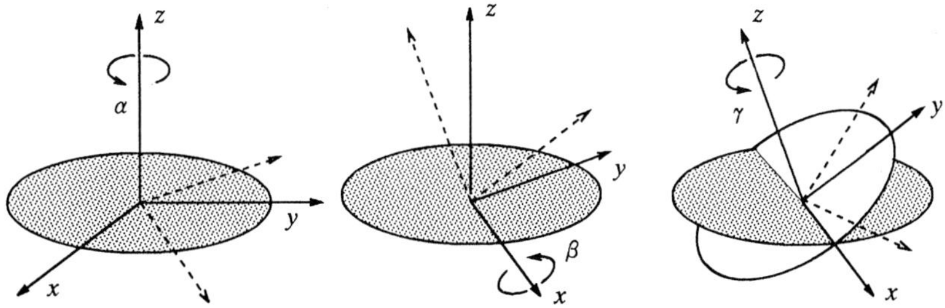

図 6.2 オイラー角の定義

する．

$$\boldsymbol{a}^s = [a_x^s, a_y^s, a_z^s]\ ,\ \boldsymbol{a}^b = [a_x^b, a_y^b, a_z^b] \tag{6.14}$$

空間座標系と分子座標系の関係を，図 6.2 に示すようなオイラー角α，β，γで表せば，次の回転行列$\boldsymbol{R}$が得られる．

$$\boldsymbol{R} = \begin{pmatrix} \cos\gamma & \sin\gamma & 0 \\ -\sin\gamma & \cos\gamma & 0 \\ 0 & 0 & 1 \end{pmatrix} \begin{pmatrix} 1 & 0 & 0 \\ 0 & \cos\beta & \sin\beta \\ 0 & -\sin\beta & \cos\beta \end{pmatrix} \times \begin{pmatrix} \cos\alpha & \sin\alpha & 0 \\ -\sin\alpha & \cos\alpha & 0 \\ 0 & 0 & 1 \end{pmatrix}$$

$$= \begin{pmatrix} \cos\gamma\cos\alpha - \sin\gamma\cos\beta\sin\alpha & \cos\gamma\sin\alpha + \sin\gamma\cos\beta\cos\alpha & \sin\gamma\sin\beta \\ -\sin\gamma\cos\alpha - \cos\gamma\cos\beta\sin\alpha & -\sin\gamma\sin\alpha + \cos\gamma\cos\beta\cos\alpha & \cos\gamma\sin\beta \\ \sin\beta\sin\alpha & -\sin\beta\cos\alpha & \cos\beta \end{pmatrix} \tag{6.15}$$

逆行列$\boldsymbol{R}^{-1}$が転置行列$\boldsymbol{R}^t$であることは，$\boldsymbol{R}\cdot\boldsymbol{R}^t = \boldsymbol{R}^t\cdot\boldsymbol{R} = \boldsymbol{U}$($\boldsymbol{U}$:単位行列) となることから明らかである．この回転行列$\boldsymbol{R}$を用いると，$\boldsymbol{a}^s$と$\boldsymbol{a}^b$は次式によって関係づけられる．

$$\boldsymbol{a}^b = \boldsymbol{R}\cdot\boldsymbol{a}^s \tag{6.16}$$

もし分子座標系が原点のまわりに角速度$\boldsymbol{\omega}$で回転しているとすると，任意のベクトル$\boldsymbol{a}$の時間変化は次のようになる[7]．

$$\frac{d\boldsymbol{a}}{dt} = \frac{da_x^b}{dt}\boldsymbol{\delta}_x^b + \frac{da_y^b}{dt}\boldsymbol{\delta}_y^b + \frac{da_z^b}{dt}\boldsymbol{\delta}_z^b + \boldsymbol{\omega} \times \boldsymbol{a} \tag{6.17}$$

したがって，分子の向きを表す単位ベクトル$\boldsymbol{e}$の場合，分子座標系に固定しているので，

$$\frac{d\boldsymbol{e}}{dt} = \boldsymbol{\omega} \times \boldsymbol{e} \tag{6.18}$$

あるいは，

$$\frac{d\boldsymbol{e}^s}{dt} = \boldsymbol{\omega}^s \times \boldsymbol{e}^s \tag{6.19}$$

回転の運動方程式は重心まわりの角運動量ベクトルを$\boldsymbol{L}$とすれば，

$$\frac{d\boldsymbol{L}}{dt} = \boldsymbol{\tau} \tag{6.20}$$

となる．ただし，$\boldsymbol{L}$は慣性テンソル$\boldsymbol{I}$および角速度$\boldsymbol{\omega}$によって$\boldsymbol{L} = \boldsymbol{I} \cdot \boldsymbol{\omega}$で表される．式 (6.20) を空間および分子座標系で表すと，

$$\frac{d\boldsymbol{L}^s}{dt} = \boldsymbol{\tau}^s \ , \ \frac{d\boldsymbol{L}^b}{dt} + \boldsymbol{\omega}^b \times \boldsymbol{L}^b = \boldsymbol{\tau}^b \tag{6.21}$$

ここに，第 2 式を得るのに式 (6.17) を用いた．二つの座標系で表された成分の関係式は式 (6.16) より次のとおりである．

$$\boldsymbol{\tau}^b = \boldsymbol{R} \cdot \boldsymbol{\tau}^s \ , \ \boldsymbol{\omega}^b = \boldsymbol{R} \cdot \boldsymbol{\omega}^s \tag{6.22}$$

さて，式 (6.21) において，分子座標系の方程式を用いると，慣性テンソル$\boldsymbol{I}$の成分が主慣性モーメントI_{xx}, I_{yy}, I_{zz}のみとなり，次のように書き下せる．

$$\left.\begin{aligned}
\frac{d\omega_x^b}{dt} &= \frac{\tau_x^b}{I_{xx}} + \frac{I_{yy} - I_{zz}}{I_{xx}}\omega_y^b\omega_z^b \\
\frac{d\omega_y^b}{dt} &= \frac{\tau_y^b}{I_{yy}} + \frac{I_{zz} - I_{xx}}{I_{yy}}\omega_z^b\omega_x^b \\
\frac{d\omega_z^b}{dt} &= \frac{\tau_z^b}{I_{zz}} + \frac{I_{xx} - I_{yy}}{I_{zz}}\omega_x^b\omega_y^b
\end{aligned}\right\} \tag{6.23}$$

この運動方程式の他に，分子の向きの時間変化を与える式が必要であるが，$\boldsymbol{e}^s = \boldsymbol{R}^{-1} \cdot \boldsymbol{e}^b = (\sin\alpha\sin\beta, -\cos\alpha\sin\beta, \cos\beta)$ を考慮すると，これは式(6.19)より次のように求まる．

$$\left.\begin{aligned} \frac{d\alpha}{dt} &= -\omega_x^s \frac{\sin\alpha\cos\beta}{\sin\beta} + \omega_y^s \frac{\cos\alpha\cos\beta}{\sin\beta} + \omega_z^s \\ \frac{d\beta}{dt} &= \omega_x^s \cos\alpha + \omega_y^s \sin\alpha \\ \frac{d\gamma}{dt} &= \omega_x^s \frac{\sin\alpha}{\sin\beta} - \omega_y^s \frac{\cos\alpha}{\sin\beta} \end{aligned}\right\} \tag{6.24}$$

ここに，第3式は，式(6.18)において分子の向きを表す単位ベクトル$\boldsymbol{e}$に代えて，垂直な単位ベクトルを考えることで得られる．式(6.23)と(6.24)を第3章で示した適当な方法で解けば分子の回転運動を追跡することができる．ただし，式(6.24)からわかるように，$\sin\beta$が分母に現れているので，$\beta \to 0$, πで発散する可能性がある．この対策を講じてこれらの式を用いなければならない[3]．

発散を生じない方程式を得るために，四元数(quaternion)の概念が導入された[4,8]．四元数$\boldsymbol{Q}$を4個の変数q_0，q_1，q_2，q_3で表されるとして，ベクトル的に$\boldsymbol{Q} = (q_0, q_1, q_2, q_3)$のように書くことにし，次の式を満足するように取る．

$$q_0^2 + q_1^2 + q_2^2 + q_3^2 = 1 \tag{6.25}$$

式(6.25)の拘束条件のために，三つの自由度を表現するのに四つの変数を用いても不都合が生じない．オイラー角との関係を，

$$\left.\begin{aligned} q_0 &= \cos\frac{1}{2}\beta\cos\frac{1}{2}(\alpha+\gamma) \\ q_1 &= \sin\frac{1}{2}\beta\cos\frac{1}{2}(\alpha-\gamma) \\ q_2 &= \sin\frac{1}{2}\beta\sin\frac{1}{2}(\alpha-\gamma) \\ q_3 &= \cos\frac{1}{2}\beta\sin\frac{1}{2}(\alpha+\gamma) \end{aligned}\right\} \tag{6.26}$$

で定義すると，式 (6.15) の回転行列が四元数によって次のように表される．

$$\boldsymbol{R} = \begin{pmatrix} q_0^2+q_1^2-q_2^2-q_3^2 & 2(q_1q_2+q_0q_3) & 2(q_1q_3-q_0q_2) \\ 2(q_1q_2-q_0q_3) & q_0^2-q_1^2+q_2^2-q_3^2 & 2(q_2q_3+q_0q_1) \\ 2(q_1q_3+q_0q_2) & 2(q_2q_3-q_0q_1) & q_0^2-q_1^2-q_2^2+q_3^2 \end{pmatrix} \tag{6.27}$$

逆行列$\boldsymbol{R}^{-1}$は先に述べたように$\boldsymbol{R}^{-1}=\boldsymbol{R}^t$となる．したがって，式 (6.24) の導出と同様の仕方から，式 (6.25) の時間微分の式を考慮して，多少長めの単純な数式の変形整理を行った後，分子の向きを表す方程式が式 (6.24) の代わりに次のように得られる．

$$\begin{pmatrix} dq_0/dt \\ dq_1/dt \\ dq_2/dt \\ dq_3/dt \end{pmatrix} = \frac{1}{2}\begin{pmatrix} q_0 & -q_1 & -q_2 & -q_3 \\ q_1 & q_0 & -q_3 & q_2 \\ q_2 & q_3 & q_0 & -q_1 \\ q_3 & -q_2 & q_1 & q_0 \end{pmatrix}\begin{pmatrix} 0 \\ \omega_x^b \\ \omega_y^b \\ \omega_z^b \end{pmatrix} \tag{6.28}$$

ゆえに，式 (6.23) および (6.28) を用いれば方程式上の発散の問題は生じない．

式 (6.23) と (6.28) を第 3.2.3 項や 3.2.4 項で示した単純な velocity Verlet アルゴリズムや leapfrog アルゴリズムで解くのは非常に難しい．なぜなら，式 (6.23) の右辺には解くべき角速度自身の積があること，さらには，式 (6.28) の右辺にも同様に解くべき自分自身の変数が含まれていることなどが挙げられる．したがって，ここでは若干異なる leapfrog アルゴリズム[9)]を示す．

まず式 (6.21) から，

$$\boldsymbol{L}^s(t) = \boldsymbol{L}^s(t-h/2) + h\boldsymbol{\tau}^s(t)/2 \tag{6.29}$$

より$\boldsymbol{L}^s(t)$を求め，この値を用いて$\boldsymbol{L}^s(t)=\boldsymbol{I}\cdot\boldsymbol{\omega}^s(t)$および式 (6.22) の関係式から$\boldsymbol{\omega}^b(t)$を求める．次に$d\boldsymbol{Q}(t)/dt$を式 (6.28) から求めると，$\boldsymbol{Q}(t+h/2)$が次式より得られることになる．

$$\boldsymbol{Q}(t+h/2) = \boldsymbol{Q}(t) + \frac{h}{2}\cdot\frac{d\boldsymbol{Q}(t)}{dt} \tag{6.30}$$

次に$\boldsymbol{L}^s(t+h/2)$を次式から算出し,

$$\boldsymbol{L}^s(t+h/2)=\boldsymbol{L}^s(t-h/2)+h\boldsymbol{\tau}^s(t) \tag{6.31}$$

この値から得られる$\boldsymbol{\omega}^b(t+h/2)$と式(6.30)で示した$\boldsymbol{Q}(t+h/2)$を用いて式(6.28)より,$d\boldsymbol{Q}(t+h/2)/dt$が得られる.最後に次式から,

$$\boldsymbol{Q}(t+h)=\boldsymbol{Q}(t)+h\frac{d\boldsymbol{Q}(t+h/2)}{dt} \tag{6.32}$$

$\boldsymbol{Q}(t+h)$が求まって一連の操作が一時間ステップだけ進行する.

上記のアルゴリズムは理論上は式(6.25)を満足するが,計算機内では小さな誤差が蓄積して式(6.25)を十分な精度で満足しなくなる可能性がある.したがって,実際のシミュレーションを行う場合には,適当な時間ステップごとに(q_0,q_1,q_2,q_3)の値をスケーリングして,式(6.25)を満足するようにすればよい.

6.1.3 拘束分子動力学

高分子の運動を考えるとき,多くの場合,高分子を構成する原子間の結合距離は一定であると仮定することができる.一方,結合角の変化,特に例えばブタンのメチル基の結合軸まわりの回転運動に見られる,分子を構成する基のねじれ振動は,一般に無視することはできない.したがって,この項では,原子間の結合距離は一定であるが,結合角が変化し得る分子の動力学を示す.簡単のために3原子分子である水分子の場合を取り上げるが,ここで行った方法は容易に多原子分子へと拡張できる[5)].また,分子の内部自由度のない前項の場合へと容易に拡張できることは後に示すとおりである.

さて,力学の教えるところにしたがって,一般化座標$q_i(i=1,2,\cdots,N)$に対して,ホロノームな拘束条件$\psi_k(q_1,q_2,\cdots,q_N)=0(k=1,2,\cdots,K)$が課されているときの,ラグランジュの運動方程式は次のように書ける[10,11)].

$$\frac{d}{dt}\left(\frac{\partial L}{\partial \dot{q}_i}\right)-\frac{\partial L}{\partial q_i}=\sum_{k=1}^{K}\lambda_k\frac{\partial \psi_k}{\partial q_i} \qquad (i=1,2,\cdots,N) \tag{6.33}$$

ただし,λ_kはラグランジュの未定乗数であり,Lは式(3.3)に定義したとおりである.

水分子の酸素原子を 2，水素原子を 1 と 3 のように番号付けし，一般化座標を直交座標に取れば，ラグランジュの運動方程式が式 (6.33) から得られる．すなわち，結合距離が一定の水分子の運動方程式は，

$$m_1\frac{d^2\boldsymbol{r}_1}{dt^2} = \boldsymbol{f}_1 + \boldsymbol{g}_1\ ,\ m_2\frac{d^2\boldsymbol{r}_2}{dt^2} = \boldsymbol{f}_2 + \boldsymbol{g}_2\ ,\ m_3\frac{d^2\boldsymbol{r}_3}{dt^2} = \boldsymbol{f}_3 + \boldsymbol{g}_3 \quad (6.34)$$

ただし，

$$\boldsymbol{g}_a = \frac{1}{2}\lambda_{12}\frac{\partial\psi_{12}}{\partial\boldsymbol{r}_a} + \frac{1}{2}\lambda_{23}\frac{\partial\psi_{23}}{\partial\boldsymbol{r}_a} \qquad (a=1,2,3) \quad (6.35)$$

$$\psi_{12} = r_{12}^2(t) - d_{12}^2 = 0\ ,\ \psi_{23} = r_{23}^2(t) - d_{23}^2 = 0 \quad (6.36)$$

ここに，m_1は原子の質量，$\boldsymbol{r}_1$は位置ベクトル，$\boldsymbol{f}_1$は他の分子および自分子の他の原子から作用する力，d_{12}は原子 1 と 2 の結合距離，$r_{12} = |\boldsymbol{r}_1 - \boldsymbol{r}_2|$，$\psi_{12}$と$\psi_{23}$は結合距離が一定とする条件を意味する．他の記号も同様である．式 (6.35) における 1/2 の係数は便宜上付けた．式 (6.35) より$\boldsymbol{g}_a$を計算すると次のようになる．

$$\boldsymbol{g}_1 = \lambda_{12}\boldsymbol{r}_{12}\ ,\ \boldsymbol{g}_2 = \lambda_{23}\boldsymbol{r}_{23} - \lambda_{12}\boldsymbol{r}_{12}\ ,\ \boldsymbol{g}_3 = -\lambda_{23}\boldsymbol{r}_{23} \quad (6.37)$$

次に，式 (6.34) を velocity Verlet アルゴリズムで解く方法[12)]を示す．式 (3.87) に対応する式は次のようになる．

$$\boldsymbol{r}_a^{n+1} = \boldsymbol{r}_a^n + h\boldsymbol{v}_a^n + \frac{h}{2m_a}(\boldsymbol{f}_a^n + \boldsymbol{g}_a^{(r)n}) \quad (6.38)$$

この$\boldsymbol{r}_a^{n+1}$の値が $(n+1)$ 時間ステップでの条件 (6.36) を満足するように$\lambda_{12}^{(r)n}$，$\lambda_{23}^{(r)n}$を決める．このことからわかるように，分子動力学法は式 (6.34) を条件 (6.36) とともに厳密に解く解析的手法とは異なり，差分式という近似式を解くので，$(n+1)$ 時間ステップでの条件 (6.36) を満足させるために，n 時間ステップでの拘束力が用いられることになる．この近似の意味を含めるために，上付き添字 (r) を付して表した次第である．

一方，速度$\boldsymbol{v}_a^{n+1/2}$は，$\lambda_{12}^{(r)n}$と$\lambda_{23}^{(r)n}$が既知なので次式から求められる．

$$\boldsymbol{v}_a^{n+\frac{1}{2}} = \boldsymbol{v}_a^n + \frac{h}{2m_a}(\boldsymbol{f}_a^n + \boldsymbol{g}_a^{(r)n}) \quad (6.39)$$

ゆえに，式 (3.88) に対応する式が次のように得られる．

$$\boldsymbol{v}_a^{n+1} = \boldsymbol{v}_a^{n+\frac{1}{2}} + \frac{h}{2m_a}(\boldsymbol{f}_a^{n+1} + \boldsymbol{g}_a^{(v)n+1}) \tag{6.40}$$

$\lambda_{12}^{(v)n+1}$と$\lambda_{23}^{(v)n+1}$は次の拘束条件より求めればよい．

$$\frac{dr_{ab}^2}{dt} = 2\boldsymbol{r}_{ab}\cdot\boldsymbol{v}_{ab} = 0 \tag{6.41}$$

以上で $(n+1)$ 時間ステップ時での位置$\boldsymbol{r}_a^{n+1}$と速度$\boldsymbol{v}_a^{n+1}$が得られたことになる．なお，次の時間ステップでの$\boldsymbol{r}_a^{n+2}$を求める際，$\boldsymbol{g}_a^{(r)n+1}$は$\lambda_{12}^{(v)n+1}$と$\lambda_{23}^{(v)n+1}$を用いるのではなく，新たに$\lambda_{12}^{(r)n+1}$と$\lambda_{23}^{(r)n+1}$を求めることに注意されたい．

次に，結合角が一定の場合，すなわち，内部自由度がない場合を考える．これは式 (6.33) から容易に得られ，運動方程式は (6.34) とまったく同じである．ただし，$\boldsymbol{g}_a$と拘束条件は式 (6.35) と (6.36) に代わって，次のようになる．

$$\boldsymbol{g}_a = \frac{1}{2}\lambda_{12}\frac{\partial\psi_{12}}{\partial\boldsymbol{r}_a} + \frac{1}{2}\lambda_{23}\frac{\partial\psi_{23}}{\partial\boldsymbol{r}_a} + \frac{1}{2}\lambda_{31}\frac{\partial\psi_{31}}{\partial\boldsymbol{r}_a} \qquad (a=1,2,3) \tag{6.42}$$

$$\left.\begin{aligned}\psi_{12} &= r_{12}^2(t) - d_{12}^2 = 0\\ \psi_{23} &= r_{23}^2(t) - d_{23}^2 = 0\\ \psi_{31} &= r_{31}^2(t) - d_{31}^2 = 0\end{aligned}\right\} \tag{6.43}$$

これらの式から$\boldsymbol{g}_a$を求めると，次のとおりである．

$$\left.\begin{aligned}\boldsymbol{g}_1 &= \lambda_{12}\boldsymbol{r}_{12} - \lambda_{31}\boldsymbol{r}_{31}\\ \boldsymbol{g}_2 &= \lambda_{23}\boldsymbol{r}_{23} - \lambda_{12}\boldsymbol{r}_{12}\\ \boldsymbol{g}_3 &= \lambda_{31}\boldsymbol{r}_{31} - \lambda_{23}\boldsymbol{r}_{23}\end{aligned}\right\} \tag{6.44}$$

これらは先に示した式とまったく類似しているので，同様にして velocity Verlet アルゴリズムで解くことができる．

6.2 非平衡分子動力学法による輸送係数の評価

第 2.3 節において輸送係数の表式を示したが，Green-Kubo 形での輸送係数は，時間相関関数を集団平均した量の時間に関する積分値として得られるものであった．ところが，図 2.1 の例からわかるように，相関関数の集団平均値の時間に対する曲線は，時間間隔が長くなるほど誤差が顕著に現れるようになり，シミュレーションを長時間実行してこの曲線の尾の部分を精度よく評価しないと，輸送係数自体の値の精度も改善できない．したがって，平衡分子動力学法による輸送係数の算出は，一般的に非常に計算時間が掛かるものである．このような平衡分子動力学法による輸送係数の評価の難点から，摂動を加えてその応答から輸送係数を評価しようとする非平衡分子動力学法 (nonequilibrium MD method) が平行して研究されてきた[13~15]．以下においては，非平衡分子動力学法の理論面を述べ[15]，それから各種輸送係数の具体的な評価法を示す．

6.2.1　非平衡分子動力学

いま，初期状態として熱力学的平衡状態にある系を考える．時間 $t=0$ において，摂動$\boldsymbol{F}(t)$ を加えるとすると，摂動は粒子の運動に影響を及ぼすが，その運動方程式が次のように書けるものとする．

$$\frac{d\boldsymbol{q}_j(t)}{dt} = \dot{\boldsymbol{q}}_j(t) = \boldsymbol{p}_j(t)/m + \boldsymbol{A}_{jp}\cdot\boldsymbol{F}(t) \tag{6.45}$$

$$\frac{d\boldsymbol{p}_j(t)}{dt} = \dot{\boldsymbol{p}}_j(t) = \boldsymbol{f}_j(t) - \boldsymbol{A}_{jq}\cdot\boldsymbol{F}(t) \tag{6.46}$$

ここに，$\boldsymbol{q}_j$ と $\boldsymbol{p}_j$ は一般化座標と一般化運動量であるが，直交座標系の場合 $\boldsymbol{q}_j$ は粒子 j の位置ベクトル $\boldsymbol{r}_j$ となる．摂動$\boldsymbol{F}(t)$ は $t\le 0$ で $\boldsymbol{F}(t)=0$ であり，$\boldsymbol{A}_{jp}$ と $\boldsymbol{A}_{jq}$ は摂動と系との相互作用を特徴づけるテンソル量で，一般に $\boldsymbol{A}_{jq}(\boldsymbol{q},\boldsymbol{p})$，$\boldsymbol{A}_{jp}(\boldsymbol{q},\boldsymbol{p})$ で表せる．ここに，$\boldsymbol{q}$ は $\boldsymbol{q}_1,\boldsymbol{q}_2,\cdots,\boldsymbol{q}_N$ をまとめて表したものであり，$\boldsymbol{p}$ も同様である．

もし，運動方程式 (6.45) と (6.46) が摂動項を加えた次式のハミルトニアン H^{ne} から導けるなら，

$$H^{ne} = H_0 + \sum_j \boldsymbol{A}_j(\boldsymbol{q},\boldsymbol{p})\cdot\boldsymbol{F}(t) \tag{6.47}$$

$\boldsymbol{A}_{jq}$ と $\boldsymbol{A}_{jp}$ が，$\partial\boldsymbol{A}_j/\partial\boldsymbol{q}_i = \partial\boldsymbol{A}_j/\partial\boldsymbol{p}_i = 0 (i\ne j)$ の仮定の下に，次のように得られる．

$$\boldsymbol{A}_{jq} = \frac{\partial \boldsymbol{A}_j}{\partial \boldsymbol{q}_j}, \qquad \boldsymbol{A}_{jp} = \frac{\partial \boldsymbol{A}_j}{\partial \boldsymbol{p}_j} \tag{6.48}$$

しかしながら，多くの場合 H^{ne}はわからないのが普通であるから，$\boldsymbol{A}_{jq}$と$\boldsymbol{A}_{jp}$は式 (6.48) から決めることはせず，後に示す関係式にしたがって決めることになる．式 (6.47) における H_0は摂動が付加される前の平衡状態におけるハミルトニアンである．

摂動作用後の非平衡状態における位相空間分布関数 $f^{ne}(\boldsymbol{q}, \boldsymbol{p}, t)$ は次のようなリウビル方程式 (Liouville equation) と類似の式を満足する[16]．

$$\frac{\partial f^{ne}}{\partial t} = -\sum_j \left(\dot{\boldsymbol{q}}_j \cdot \frac{\partial f^{ne}}{\partial \boldsymbol{q}_j} + \dot{\boldsymbol{p}}_j \cdot \frac{\partial f^{ne}}{\partial \boldsymbol{p}_j} \right) - \sum_j f^{ne} \left(\frac{\partial}{\partial \boldsymbol{q}_j} \cdot \dot{\boldsymbol{q}}_j + \frac{\partial}{\partial \boldsymbol{p}_j} \cdot \dot{\boldsymbol{p}}_j \right) \tag{6.49}$$

もし，$\boldsymbol{A}_{jq}$と$\boldsymbol{A}_{jp}$が式 (6.48) に従って，摂動項を加えたハミルトニアン (6.47) から求まるならば，式 (6.49) は次式に示す通常のリウビル方程式に帰着する．

$$\frac{\partial f^{ne}}{\partial t} = -\sum_j \left(\dot{\boldsymbol{q}}_j \cdot \frac{\partial f^{ne}}{\partial \boldsymbol{q}_j} + \dot{\boldsymbol{p}}_j \cdot \frac{\partial f^{ne}}{\partial \boldsymbol{p}_j} \right) \tag{6.50}$$

一方，H^{ne}がわからなくとも，$\boldsymbol{A}_{jq}$と$\boldsymbol{A}_{jp}$が次の式を満足すれば，式 (6.50) のリウビル方程式を満たすことになる．

$$\begin{aligned} \sum_j \left(\frac{\partial}{\partial \boldsymbol{q}_j} \cdot \dot{\boldsymbol{q}}_j + \frac{\partial}{\partial \boldsymbol{p}_j} \cdot \dot{\boldsymbol{p}}_j \right) &= \sum_j \left(\frac{\partial}{\partial \boldsymbol{q}_j} \cdot \boldsymbol{A}_{jp} - \frac{\partial}{\partial \boldsymbol{p}_j} \cdot \boldsymbol{A}_{jq} \right) \cdot \boldsymbol{F}(t) \\ &= 0 \end{aligned} \tag{6.51}$$

したがって，H^{ne}が既知でなければ，この式を満足するような$\boldsymbol{A}_{jq}$と$\boldsymbol{A}_{jp}$を用いればよい．なお，式 (6.51) を位相空間における非圧縮条件 (condition of incompressibility) という．

式 (6.50) に式 (6.45) と (6.46) を代入整理すると，

$$\begin{aligned} \frac{\partial f^{ne}}{\partial t} = &-\sum_j \left(\frac{\boldsymbol{p}_j}{m} \cdot \frac{\partial}{\partial \boldsymbol{q}_j} + \boldsymbol{f}_j \cdot \frac{\partial}{\partial \boldsymbol{p}_j} \right) f^{ne} \\ &- \sum_j \left\{ (\boldsymbol{A}_{jp} \cdot \boldsymbol{F}(t)) \cdot \frac{\partial}{\partial \boldsymbol{q}_j} - (\boldsymbol{A}_{jq} \cdot \boldsymbol{F}(t)) \cdot \frac{\partial}{\partial \boldsymbol{p}_j} \right\} f^{ne} \end{aligned} \tag{6.52}$$

ここで，リウビル演算子 $L^{ne}(t)$ を平衡状態の演算子 L_0 と摂動項の $\Delta L(t)$ の和として $L^{ne}(t) = L_0 + \Delta L(t)$ とすれば，式 (6.52) から，

$$\left.\begin{aligned} iL_0 &= \sum_j \left(\frac{\boldsymbol{p}_j}{m} \cdot \frac{\partial}{\partial \boldsymbol{q}_j} + \boldsymbol{f}_j \cdot \frac{\partial}{\partial \boldsymbol{p}_j} \right) \\ i\Delta L &= \sum_j \left\{ (\boldsymbol{A}_{jp} \cdot \boldsymbol{F}(t)) \cdot \frac{\partial}{\partial \boldsymbol{q}_j} - (\boldsymbol{A}_{jq} \cdot \boldsymbol{F}(t)) \cdot \frac{\partial}{\partial \boldsymbol{p}_j} \right\} \end{aligned}\right\} \tag{6.53}$$

したがって，式 (6.52) をリウビル演算子を用いて表すと次のようになる．

$$\frac{\partial f^{ne}}{\partial t} = -iL^{ne} f^{ne} = -(iL_0 + i\Delta L) f^{ne} \tag{6.54}$$

位相空間分布関数 $f^{ne}(\boldsymbol{q}, \boldsymbol{p}, t)$ は平衡状態における $f_0(\boldsymbol{q}, \boldsymbol{p})$ と摂動項 $\Delta f(\boldsymbol{q}, \boldsymbol{p}, t)$ の和として，

$$f^{ne} = f_0 + \Delta f \tag{6.55}$$

と書けるから，これを式 (6.54) に代入し，高次の微小項を省略すると次の式が得られる．

$$\frac{\partial \Delta f}{\partial t} = -iL_0 \Delta f - i\Delta L f_0 \tag{6.56}$$

この式を得るに際して，$\partial f_0 / \partial t = -iL_0 f_0$ なる関係を考慮した．式 (6.56) の形式的な解は次のようになる．

$$\Delta f(t) = -\int_0^t e^{-i(t-s)L_0} i\Delta L(s) f_0 ds \tag{6.57}$$

摂動が作用する前の平衡状態における位相空間分布関数 f_0 を正準分布と見なせば，f_0 は次のとおりである．

$$f_0 = f_0(\boldsymbol{q}, \boldsymbol{p}) = e^{-H_0(\boldsymbol{q}, \boldsymbol{p})/kT} \Big/ \iint e^{-H_0(\boldsymbol{q}, \boldsymbol{p})/kT} d\boldsymbol{q} d\boldsymbol{p} \tag{6.58}$$

また，

$$\begin{aligned} \dot{H}_0 = \frac{dH_0}{dt} &= \frac{d}{dt} H_0(\boldsymbol{q}(t), \boldsymbol{p}(t)) = \sum_j \left(\dot{\boldsymbol{q}}_j \cdot \frac{\partial H_0}{\partial \boldsymbol{q}_j} + \dot{\boldsymbol{p}}_j \cdot \frac{\partial H_0}{\partial \boldsymbol{p}_j} \right) \\ &= \sum_j \left\{ (\boldsymbol{A}_{jp} \cdot \boldsymbol{F}(t)) \cdot \frac{\partial H_0}{\partial \boldsymbol{q}_j} - (\boldsymbol{A}_{jq} \cdot \boldsymbol{F}(t)) \cdot \frac{\partial H_0}{\partial \boldsymbol{p}_j} \right\} \end{aligned}$$

$$= \sum_j \left\{ (\boldsymbol{A}_{jp} \cdot \boldsymbol{F}(t)) \cdot (-\boldsymbol{f}_j) - (\boldsymbol{A}_{jq} \cdot \boldsymbol{F}(t)) \cdot \frac{\boldsymbol{p}_j}{m} \right\}$$

$$= -\sum_j (\boldsymbol{f}_j \cdot \boldsymbol{A}_{jp} + \frac{1}{m}\boldsymbol{p}_j \cdot \boldsymbol{A}_{jq}) \cdot \boldsymbol{F}(t) \tag{6.59}$$

したがって，$\dot{\boldsymbol{A}} = d\boldsymbol{A}/dt$ を次のように定義すれば，

$$\dot{\boldsymbol{A}} = \sum_j (\boldsymbol{f}_j \cdot \boldsymbol{A}_{jp} + \frac{1}{m}\boldsymbol{p}_j \cdot \boldsymbol{A}_{jq}) \tag{6.60}$$

摂動による H_0の微分が次のように表せる．

$$\dot{H}_0 = -\dot{\boldsymbol{A}} \cdot \boldsymbol{F}(t) = i\Delta L H_0 \tag{6.61}$$

右辺最後の式は，式 (6.53) と式 (6.59) の途中の経過式とを比較すれば明らかである．

さて，式 (6.53) のΔL の定義式と式 (6.58) の f_0を用いれば，次式が得られる．

$$i\Delta L(t) f_0 = \frac{1}{kT} f_0 \dot{\boldsymbol{A}} \cdot \boldsymbol{F}(t) \tag{6.62}$$

ゆえに，式 (6.57) は次のように書ける．

$$\Delta f(t) = -\frac{1}{kT} \int_0^t e^{-i(t-s)L_0} \dot{\boldsymbol{A}} \cdot \boldsymbol{F}(s) f_0 ds \tag{6.63}$$

したがって，$\boldsymbol{q}$と$\boldsymbol{p}$の任意の関数$\boldsymbol{B}(\boldsymbol{q},\boldsymbol{p})$ の $f^{ne}(\boldsymbol{q},\boldsymbol{p},t)$ による平均 $\langle \boldsymbol{B}(t) \rangle_{ne}$は次のように書ける．

$$\begin{aligned} \langle \boldsymbol{B}(t) \rangle_{ne} &= \iint \boldsymbol{B}(\boldsymbol{q},\boldsymbol{p}) f^{ne}(\boldsymbol{q},\boldsymbol{p},t) d\boldsymbol{q} d\boldsymbol{p} \\ &= \langle \boldsymbol{B}(t) \rangle_{eq} + \iint \boldsymbol{B}(\boldsymbol{q},\boldsymbol{p}) \Delta f(t) d\boldsymbol{q} d\boldsymbol{p} \\ &= \langle \boldsymbol{B}(t) \rangle_{eq} - \frac{1}{kT} \int_0^t \chi(t-s) \cdot \boldsymbol{F}(s) ds \end{aligned} \tag{6.64}$$

ただし，

$$\chi(t-s) = \iint \boldsymbol{B}(\boldsymbol{q},\boldsymbol{p}) \left[e^{-i(t-s)L_0} \left(\dot{\boldsymbol{A}}(\boldsymbol{q},\boldsymbol{p}) f_0(\boldsymbol{q},\boldsymbol{p}) \right) \right] d\boldsymbol{q} d\boldsymbol{p} \tag{6.65}$$

ここで，$\boldsymbol{q}$と$\boldsymbol{p}$の任意の関数を$\phi(\boldsymbol{q},\boldsymbol{p})$ および$\psi(\boldsymbol{q},\boldsymbol{p})$ とすると，演算子 $\exp(-itL_0)$ は次の関係式を満足することから[17]，

$$\iint \phi(\boldsymbol{q},\boldsymbol{p}) \left(e^{-itL_0}\psi(\boldsymbol{q},\boldsymbol{p})\right) d\boldsymbol{q}d\boldsymbol{p} = \iint \left(e^{itL_0}\phi(\boldsymbol{q},\boldsymbol{p})\right) \psi(\boldsymbol{q},\boldsymbol{p})d\boldsymbol{q}d\boldsymbol{p} \tag{6.66}$$

式 (6.65) は次のように書き換えることができる．

$$\chi(t-s) = \iint \boldsymbol{B}(t-s)\dot{\boldsymbol{A}}(0)f_0 d\boldsymbol{q}d\boldsymbol{p} = \langle \boldsymbol{B}(t-s)\dot{\boldsymbol{A}}(0)\rangle_{eq} \tag{6.67}$$

この式の導出では次の関係を用いた．

$$\phi(t) = e^{itL_0}\phi(0) \quad or \quad \phi\left(\boldsymbol{q}(t),\boldsymbol{p}(t)\right) = e^{itL_0}\phi\left(\boldsymbol{q}(0),\boldsymbol{p}(0)\right) \tag{6.68}$$

式 (6.67) の右辺は，定常状態を考慮すると式 (A3.10) より次のようにも書ける．

$$\langle \boldsymbol{B}(t-s)\dot{\boldsymbol{A}}(0)\rangle_{eq} = -\langle \dot{\boldsymbol{B}}(t-s)\boldsymbol{A}(0)\rangle_{eq} \tag{6.69}$$

式 (6.67) を式 (6.64) に代入し，さらに $\langle \boldsymbol{B}(t)\rangle_{eq} = 0$ と仮定すれば，結局次の式を得る．

$$\langle \boldsymbol{B}(t)\rangle_{ne} = -\frac{1}{kT}\int_0^t \langle \boldsymbol{B}(t-s)\dot{\boldsymbol{A}}(0)\rangle_{eq} \cdot \boldsymbol{F}(s)ds \tag{6.70}$$

この式の左辺が非平衡分子動力学シミュレーションによって得られる量であり，それに対応する右辺の量が何らかの輸送係数の表式になるように，諸量を適当に設定することになる．以下，代表的な輸送係数の場合を取り上げ，非平衡分子動力学シミュレーションによる具体的な評価法を示していく．

6.2.2　せん断流による粘度の評価

a.　運動方程式

粘度を非平衡分子動力学シミュレーションで評価するには，図 6.3 に示すようなずり速度 (shear rate)$\dot{\gamma}(=U/l)$ なる単純せん断流 (simple shear flow) を摂動として，時間 $t=0$ にて付加すればよい．この場合の運動方程式は次のように書ける[15,18,19]．

$$\dot{x}_j = p_{jx}/m + y_j\dot{\gamma}, \quad \dot{y}_j = p_{jy}/m, \quad \dot{z}_j = p_{jz}/m \tag{6.71}$$

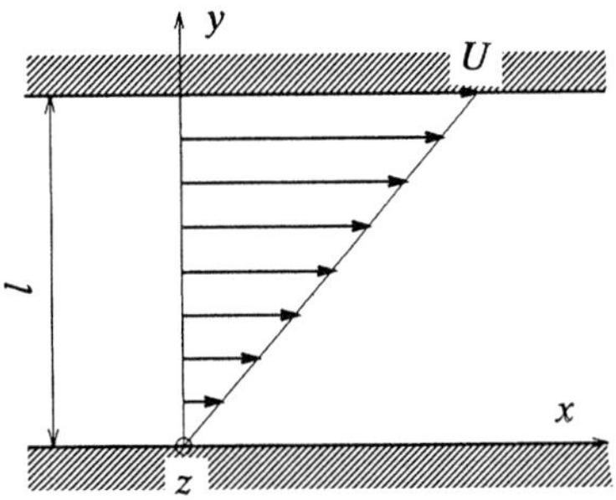

図 6.3 単純せん断流

$$\dot{p}_{jx} = f_{jx} - p_{jy}\dot{\gamma}, \quad \dot{p}_{jy} = f_{jy}, \quad \dot{p}_{jz} = f_{jz} \tag{6.72}$$

これらの式と式 (6.45) および (6.46) との対応関係から，$\boldsymbol{F}(t) = (\dot{\gamma}, 0, 0)$ および，

$$\boldsymbol{A}_{jp} = \begin{bmatrix} y_j & 0 & 0 \\ 0 & 0 & 0 \\ 0 & 0 & 0 \end{bmatrix}, \quad \boldsymbol{A}_{jq} = \begin{bmatrix} p_{jy} & 0 & 0 \\ 0 & 0 & 0 \\ 0 & 0 & 0 \end{bmatrix} \tag{6.73}$$

であるので，$\boldsymbol{A}_{jq}$ と $\boldsymbol{A}_{jp}$ は式 (6.51) を満足する．これらを用いると，$\dot{\boldsymbol{A}}$ が式 (6.60) から次のように得られる．

$$\dot{\boldsymbol{A}} = \sum_j \left(y_j f_{jx} + \frac{1}{m} p_{jx} p_{jy} \right) \boldsymbol{\delta}_x \tag{6.74}$$

ここに，$(\boldsymbol{\delta}_x, \boldsymbol{\delta}_y, \boldsymbol{\delta}_z)$ は直交座標系の基本ベクトルである．したがって，$\boldsymbol{B}(t)$ としてスカラー量である次式の $J_{yx}(t)$ を用いると，

$$J_{yx}(t) = \sum_{j=1}^{N} \left\{ \frac{1}{m} p_{jy}(t) p_{jx}(t) + y_j(t) f_{jx}(t) \right\} \tag{6.75}$$

式 (6.70) は次のように書ける．

$$\begin{aligned} \langle J_{yx}(t) \rangle_{ne} &= -\frac{1}{kT} \int_0^t \langle J_{yx}(t-s) J_{yx}(0) \rangle_{eq} \dot{\gamma} ds \\ &= -\frac{1}{kT} \int_0^t \langle J_{yx}(t') J_{yx}(0) \rangle_{eq} \dot{\gamma} dt' \end{aligned} \tag{6.76}$$

ゆえに，式 (2.15) との対応関係から，粘度ηが次のように得られる．

$$\eta = -\lim_{t\to\infty} \frac{1}{V\dot{\gamma}} \langle J_{yx}(t) \rangle_{ne} \tag{6.77}$$

摂動が付加されると系の運動エネルギーは上昇していくので，温度を一定に保つには，速度スケーリング法などで強制的に温度を一定にする工夫が必要である[19]．境界条件として通常の周期境界条件は適用できず，次に説明する境界条件を用いる．

b. 境界条件

単純せん断流を誘起させるには，式 (6.71) と (6.72) で示した運動方程式とこれから示す Lees-Edwards の境界条件[15,20]とを組み合わせて用いる必要がある．

いま，図 6.4 に示すような流速がゼロとなる点を原点に持つ一辺の長さ L の立方体のシミュレーション領域を考え，単純せん断流の流れ場$\boldsymbol{u}(\boldsymbol{r}) = (\dot{\gamma}y, 0, 0)$ を発生させることを考える．Lees-Edwards の境界条件では，中心点が $y = 0$ なる仮想セルは静止し，$y = L$ なる中心点を有するセルは x 方向に$\dot{\gamma}L$ で移動させ，逆に $y = -L$ なる中心点を有するセルは x の負の方向に$\dot{\gamma}L$ で移動させる．これより遠くに離れたセルも考慮する必要がある場合には類似の処理をする．任意の粒子 i の速度$\boldsymbol{v}_i$は，x および z軸に垂直な境界面を横切った場合には変化しないが，y軸に垂直な境界面 (せん断面) を横切ったときには変化する．例えば，図 6.4 の場合について述べると，$\boldsymbol{r}_i$の位置にいた粒子 i が境界を横切って $\boldsymbol{r}'_i$に移動したとすると，この粒子は下側の境界面から位置 $(x'_i - \Delta X, y'_i - L, z'_i)$

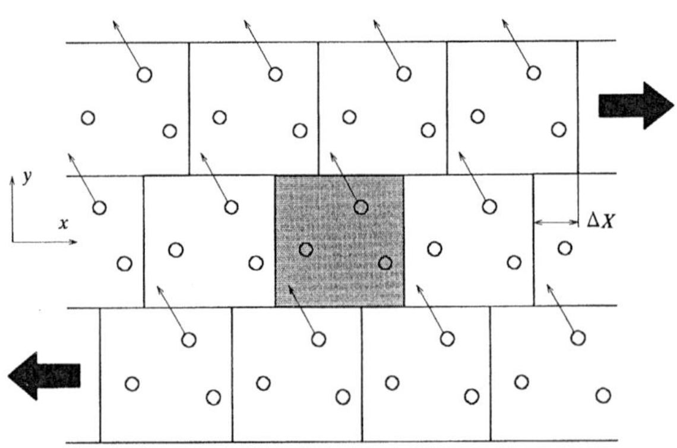

図 6.4 単純せん断流のための Lees-Edwards の境界条件

に速度 $(v_{ix} - \dot{\gamma}L, v_{iy}, v_{iz})$ を有して入射してくる．ただし，ΔXは図 6.4 に示したようにセルの移動量で $0 \leq \Delta X \leq L$ である．この処理を FORTRAN 言語で一般的な場合について表すと次のようになる．

```
CORY=DNINT(RY(I)/L)
RX(I)=RX(I)-CORY*DX
RX(I)=RX(I)-DNINT(RX(I)/L)*L
RY(I)=RY(I)-CORY*L
RZ(I)=RZ(I)-DNINT(RZ(I)/L)*L
VX(I)=VX(I)-CORY*GAMMA*L
```

これに加えて，最近接像の方法も修正する必要がある．yと z方向については通常と同様の処理でよいが，x 方向については次のような処理に変更する．基本セル内の粒子 jの仮想セルでの仮想粒子の x 座標は，中心点の y座標が L の仮想セルに対しては，$\cdots, x_j - 2L + \Delta X, x_j - L + \Delta X, x_j + \Delta X, x_j + L + \Delta X, x_j + 2L + \Delta X, \cdots$であり，一方，中心点の$y$座標が$-L$ の仮想セルに対しては，$\cdots, x_j - 2L - \Delta X, x_j - L - \Delta X, x_j - \Delta X, x_j + L - \Delta X, x_j + 2L - \Delta X, \cdots$ である．中心点の y座標がゼロの仮想セルに対する処理は通常どおりである．したがって，粒子 i は，粒子 j自身とその仮想粒子の中で，最も近い位置にいる粒子との相互作用を考慮すればよい．これを FORTRAN 言語で記述すれば次のとおりである．

```
RXJI=RX(J)-RX(I)
RYJI=RY(J)-RY(I)
RZJI=RZ(J)-RZ(I)
CORY=DNINT(RYJI/L)
RYJI=RYJI-CORY*L
RZJI=RZJI-DNINT(RZJI/L)*L
RXJI=RXJI-CORY*DX
RXJI=RXJI-DNINT(RXJI/L)*L
```

以上からわかるように，この境界条件を用いる場合には，上側と下側の仮想セルの移動量$\Delta X (0 \leq \Delta X \leq L)$を常時把握する必要がある.

6.2.3 体 積 粘 度

体積粘度を非平衡分子動力学シミュレーションで評価するための運動方程式は次のとおりである[19,21].

$$\left.\begin{aligned} \dot{x}_j &= p_{jx}/m + x_j F_0(t) \\ \dot{y}_j &= p_{jy}/m + y_j F_0(t) \\ \dot{z}_j &= p_{jz}/m + z_j F_0(t) \end{aligned}\right\} \tag{6.78}$$

$$\left.\begin{aligned} \dot{p}_{jx} &= f_{jx} - p_{jx} F_0(t) \\ \dot{p}_{jy} &= f_{jy} - p_{jy} F_0(t) \\ \dot{p}_{jz} &= f_{jz} - p_{jz} F_0(t) \end{aligned}\right\} \tag{6.79}$$

ここに,$F_0(t) = \varepsilon\omega\cos(\omega t)$で,$\boldsymbol{F}(t) = (F_0(t), F_0(t), F_0(t))$,$\boldsymbol{A}_{jq}$と$\boldsymbol{A}_{jp}$は次のとおりである.

$$\boldsymbol{A}_{jp} = \begin{bmatrix} x_j & 0 & 0 \\ 0 & y_j & 0 \\ 0 & 0 & z_j \end{bmatrix}, \quad \boldsymbol{A}_{jq} = \begin{bmatrix} p_{jx} & 0 & 0 \\ 0 & p_{jy} & 0 \\ 0 & 0 & p_{jz} \end{bmatrix} \tag{6.80}$$

式(6.78)と(6.79)は立方体のシミュレーション領域$\tilde{L}$を$\tilde{L} = L(1+\varepsilon\sin(\omega t))$($L$は平均値)で膨張収縮を繰り返すことを意味し,その歪量$d(\tilde{L}/L)/dt$を摂動項$\boldsymbol{F}(t)$として用いている.$\boldsymbol{A}_{jq}$と$\boldsymbol{A}_{jp}$は式(6.51)を満足することは明らかである.また,$\dot{\boldsymbol{A}}$は次のようになる.

$$\dot{\boldsymbol{A}} = \sum_j \left\{ \left(x_j f_{jx} + \frac{1}{m} p_{jx}^2 \right) \boldsymbol{\delta}_x + \left(y_j f_{jy} + \frac{1}{m} p_{jy}^2 \right) \boldsymbol{\delta}_y + \left(z_j f_{jz} + \frac{1}{m} p_{jz}^2 \right) \boldsymbol{\delta}_z \right\} \tag{6.81}$$

ゆえに,式(3.60)で示した瞬間圧力$\hat{P}(= (\hat{P}_{xx} + \hat{P}_{yy} + \hat{P}_{zz})/3)$を用い,さらに瞬間体積を$\hat{V}$とすれば,

$$\dot{\boldsymbol{A}} \cdot \boldsymbol{F}(t) = \varepsilon\omega\cos(\omega t)(\hat{P}_{xx}\hat{V} + \hat{P}_{yy}\hat{V} + \hat{P}_{zz}\hat{V}) = 3\varepsilon\omega\cos(\omega t)\hat{P}\hat{V} \tag{6.82}$$

したがって，$\boldsymbol{B}(t)$ としてスカラー量である次式の $J_{xx}(t)$ を用いると，

$$J_{xx}(t) = \hat{P}_{xx}\hat{V} = \sum_{j=1}^{N}\left\{\frac{1}{m}p_{jx}^2(t) + x_j(t)f_{jx}(t)\right\} \tag{6.83}$$

式 (6.64) は次のようになる．

$$\begin{aligned}
&\langle J_{xx}(t)\rangle_{ne} \\
&= \langle J_{xx}(t)\rangle_{eq} - \frac{1}{kT}\int_0^t \langle J_{xx}(t-s)\left\{J_{xx}(0)+J_{yy}(0)+J_{zz}(0)\right\}\rangle_{eq}\varepsilon\omega\cos(\omega s)ds \\
&= PV - \frac{1}{kT}\int_0^t \left\{\langle J_{xx}(t-s)J_{xx}(0)\rangle_{eq} + 2(PV)^2\right\}\varepsilon\omega\cos(\omega s)ds \\
&= PV - \frac{1}{kT}\int_0^t \{\langle (J_{xx}(t-s) - PV)(J_{xx}(0) - PV)\rangle_{eq} \\
&\qquad\qquad + 3(PV)^2\}\,\varepsilon\omega\cos(\omega s)ds
\end{aligned} \tag{6.84}$$

ここで，次のように$\omega \to 0$ と $t \to \infty$ の極限を取ると，

$$\begin{aligned}
&\lim_{\omega\to 0}\lim_{t\to\infty}\frac{1}{\varepsilon\omega}\langle J_{xx}(t) - PV\rangle_{ne} \\
&\qquad = -\frac{1}{kT}\int_0^\infty \langle (J_{xx}(t') - PV)(J_{xx}(0) - PV)\rangle_{eq}dt'
\end{aligned} \tag{6.85}$$

ここで，$\sin(\omega s)\,|_{s=\infty} = 0$ という事実を用いた[22]．この式と式 (2.23) との対応関係から，体積粘度η_Vが次のように得られる．

$$\begin{aligned}
(\eta_V + \frac{4}{3}\eta) = -\frac{1}{3}\lim_{\omega\to 0}\lim_{t\to\infty}\frac{1}{V\varepsilon\omega}\,(\langle J_{xx}(t)\rangle_{ne} + \langle J_{yy}(t)\rangle_{ne} \\
+ \langle J_{zz}(t)\rangle_{ne} - 3PV)
\end{aligned} \tag{6.86}$$

境界条件としては，基本セルと同様に一様に膨張収縮する仮想セルを用いた周期境界条件を用いればよい．

6.2.4 熱 伝 導 率

熱伝導率λを非平衡分子動力学シミュレーションで評価するための運動方程式は次のとおりである[15,23~25]．

$$\dot{\boldsymbol{r}}_j = \boldsymbol{p}_j/m \tag{6.87}$$

$$\dot{\boldsymbol{p}}_j = \boldsymbol{f}_j + (E_j - \langle E_j \rangle)\boldsymbol{F}(t) + \frac{1}{2}\sum_k \boldsymbol{f}_{jk}(\boldsymbol{r}_{jk}\cdot\boldsymbol{F}(t)) - \frac{1}{2N}\sum_k\sum_l \boldsymbol{f}_{kl}(\boldsymbol{r}_{kl}\cdot\boldsymbol{F}(t)) \quad (6.88)$$

ここに，E_jは粒子jの有するエネルギーで$\langle E_j \rangle$はその平均値，$\boldsymbol{r}_{jk} = \boldsymbol{r}_j - \boldsymbol{r}_k$，$\boldsymbol{f}_{jk}$は粒子$k$が粒子$j$に及ぼす力である．式(6.88)は系の運動量が保存される方程式となっている．摂動項$\boldsymbol{F}(t)$は$\boldsymbol{F}(t) = (F_0, 0, 0)$として，$t = 0$でステップ関数として与える．また，$\boldsymbol{A}_{jp} = 0$であり，$\boldsymbol{A}_{jq}$は次のとおりである．

$$\boldsymbol{A}_{jq} = -(E_j - \langle E_j \rangle)\boldsymbol{I} - \frac{1}{2}\sum_k \boldsymbol{f}_{jk}\boldsymbol{r}_{jk} + \frac{1}{2N}\sum_k\sum_l \boldsymbol{f}_{kl}\boldsymbol{r}_{kl} \quad (6.89)$$

これらの$\boldsymbol{A}_{jq}$と$\boldsymbol{A}_{jp}$は式(6.51)を満足することは明らかである．また，$\dot{\boldsymbol{A}}$は式(6.60)より次のようになる．

$$\dot{\boldsymbol{A}} = \sum_j \left\{ -(E_j - \langle E_j \rangle)\frac{\boldsymbol{p}_j}{m} - \frac{1}{2}\sum_k \left(\frac{\boldsymbol{p}_j}{m}\cdot\boldsymbol{f}_{jk}\right)\boldsymbol{r}_{jk} + \frac{1}{2N}\sum_k\sum_l \left(\frac{\boldsymbol{p}_j}{m}\cdot\boldsymbol{f}_{kl}\right)\boldsymbol{r}_{kl} \right\} \quad (6.90)$$

したがって，系の運動量が保存されることを考慮すれば，

$$\begin{aligned}\dot{\boldsymbol{A}}\cdot\boldsymbol{F}(t) &= \sum_j \left\{ -(E_j - \langle E_j \rangle)\frac{p_{jx}}{m} - \frac{1}{2}\sum_k \left(\frac{\boldsymbol{p}_j}{m}\cdot\boldsymbol{f}_{jk}\right)x_{jk} + \frac{1}{2N}\sum_k\sum_l \left(\frac{\boldsymbol{p}_j}{m}\cdot\boldsymbol{f}_{kl}\right)x_{kl} \right\} F_0 \\ &= -\sum_j \left\{ (E_j - \langle E_j \rangle)\frac{p_{jx}}{m} + \frac{1}{2}\sum_k \left(\frac{\boldsymbol{p}_j}{m}\cdot\boldsymbol{f}_{jk}\right)x_{jk} \right\} F_0 \end{aligned} \quad (6.91)$$

ゆえに，$\boldsymbol{B}(t)$としてスカラー量である次式の$J_x(t)$を用いると，

$$J_x(t) = \sum_j (E_j - \langle E_j \rangle)\frac{p_{jx}}{m} + \frac{1}{2}\sum_j\sum_k \left(\frac{\boldsymbol{p}_j}{m}\cdot\boldsymbol{f}_{jk}\right)x_{jk} \quad (6.92)$$

式 (6.70) は次のように書ける．

$$\langle J_x(t)\rangle_{ne} = \frac{1}{kT}\int_0^t \langle J_x(t-s)J_x(0)\rangle_{eq}F_0 ds$$
$$= \frac{1}{kT}\int_0^t \langle J_x(t')J_x(0)\rangle_{eq}F_0 dt' \tag{6.93}$$

したがって，式 (2.18) との対応関係から，熱伝導率λが次のように得られる．

$$\lambda = \lim_{t\to\infty}\frac{1}{F_0VT}\langle J_x(t)\rangle_{ne} \tag{6.94}$$

式 (6.87) と (6.88) の運動方程式で示した方法は，温度勾配無しにエネルギー流速を作り出すことができるので，通常の周期境界条件をそのまま適用できることが特徴である．

6.2.5　拡散係数

一成分系の自己拡散係数は，式 (2.13) からわかるとおり，平衡分子動力学シミュレーションで十分な精度の値を得ることができるので，あまり非平衡分子動力学法の必要性を感じないかも知れない．しかし，非平衡分子動力学シミュレーションでは，相互拡散係数や多成分系の拡散係数が，濃度勾配を設定することなしに計算できるので，ここでは，このような系にも容易に適用できる自己拡散係数の評価法を示す[15,26]．

摂動項を加えたハミルトニアン $H^{ne}(t \geq 0)$ を次のようにおくと，

$$H^{ne} = H_0 - \sum_j c_j x_j F_0 \tag{6.95}$$

式 (6.47) との対応関係から，$\boldsymbol{A}_j = (-c_j x_j, 0, 0)$ および $\boldsymbol{F}(t) = (F_0, 0, 0)$ である．ここで，c_jは一成分系の粒子数 N(偶数とする) の内，半分を一つのグループに，残りの半分を別のグループに属するようにするための便宜上の識別用ラベルである．この場合 $c_j = (-1)^j (1 \leq j \leq N)$ と取る．式 (6.95) を用いると，運動方程式が式 (6.45) と (6.46) より次のように得られる．

$$\dot{\boldsymbol{r}}_j = \boldsymbol{p}_j/m \tag{6.96}$$

$$\dot{p}_{jx} = f_{jx} + c_j F_0, \quad \dot{p}_{jy} = f_{jy}, \quad \dot{p}_{jz} = f_{jz} \tag{6.97}$$

したがって，もし，$\boldsymbol{B}(t)$ としてスカラー量である次式の $J_x^D(t)$ を用いると，

$$J_x^D(t) = \sum_j c_j p_{jx}/m \tag{6.98}$$

式 (6.70) は次のように書ける．

$$\begin{aligned}\langle J_x^D(t)\rangle_{ne} &= \frac{1}{kT}\int_0^t \langle J_x^D(t-s)J_x^D(0)\rangle_{eq} F_0 ds \\ &= \frac{1}{kT}\int_0^t \langle J_x^D(t')J_x^D(0)\rangle_{eq} F_0 dt' \end{aligned}\tag{6.99}$$

ここで，被積分項の平均値は次のように変形できるので，

$$\begin{aligned}\left\langle J_x^D(t')J_x^D(0)\right\rangle_{eq} &= \left\langle \left(\sum_j c_j p_{jx}(t')/m\right)\left(\sum_k c_k p_{kx}(0)/m\right)\right\rangle_{eq} \\ &= \left\langle \sum_j \frac{p_{jx}(t')p_{jx}(0)}{m^2}\right\rangle_{eq} \\ &= \frac{N}{m^2}\left\langle p_{jx}(t')p_{jx}(0)\right\rangle_{eq}\end{aligned}\tag{6.100}$$

これを式 (6.99) に代入し，その式と式 (2.13) との対応関係から，拡散係数 D が次のように得られる．

$$D = \lim_{t\to\infty}\frac{kT}{F_0 N}\left\langle J_x^D(t)\right\rangle_{ne} \tag{6.101}$$

以上の方法は相互拡散係数の評価にも容易に拡張できる[27]．

文　　献

1) M.P.Allen and D.J.Tildesley, "Computer Simulation of Liquids", Clarendon Press, Oxford(1987).

2) D.Fincham, "More on Rotational Motion of Linear Molecules", CCP5 Quarterly, 12(1984), 47.
3) J.Barojas, et al., "Simulation of Diatomic Homonuclear Liquids", Phys. Rev. A, 7(1973), 1092.
4) D.J.Evans and S.Murad, "Singularity-Free Algorithm for Molecular Dynamics Simulation of Rigid Polyatomics", Molec. Phys., 34(1977), 327.
5) J.P.Rychaert, et al., "Numerical Integration of the Cartesian Equations of Motion of a System with Constraints: Molecular Dynamics of n-Alkanes", J. Comput. Phys., 23(1977), 327.
6) 山内恭彦・末岡清市編, "大学演習 力学", 第8章, 裳華房 (1957).
7) 山内恭彦・末岡清市編, "大学演習 力学", pp.317-319, 裳華房 (1957).
8) D.J.Evans, "On the Representation of Orientation Space", Molec. Phys., 34(1977), 317.
9) D.Potter, "Computational Physics", John Wiley & Sons, New York (1972).
10) 平川浩正, "力学", pp.68-70, 培風館 (1980).
11) 後藤憲一・ほか2名共編, "詳解 力学演習", pp.306-307, 共立出版 (1971).
12) H.C.Andersen, "Rattle: a Velocity Version of the Shake Algorithm for Molecular Dynamics Calculations", J. Comput. Phys., 52(1983), 24.
13) G.Ciccotti, et al., "Thought-Experiments by Molecular Dynamics", 21(1979), 1.
14) W.G.Hoover, "Nonequilibrium Molecular Dynamics", Ann. Rev. Phys. Chem., 34(1983), 103.
15) D.J.Evans and G.P.Morriss, "Non-Newtonian Molecular Dynamics", Comput. Phys. Rep., 1(1984), 297.
16) D.A.McQuarrie, "Statistical Mechanics", 119, Harper & Row, New York (1976).
17) D.A.McQuarrie, "Statistical Mechanics", 508, Harper & Row, New York (1976).
18) D.J.Evans and G.P.Morriss, "Nonlinear-Response Theory for Steady Planar Couette Flow", Phys. Rev. A, 30(1984), 1528.
19) M.W.Evans and D.M.Heyes, "Combined Shear and Elongational Flow by Non-Equilibrium Molecular Dynamics", Molec. Phys., 69(1990), 241.
20) A.W.Lees and S.F.Edwards, "The Computer Study of Transport Processes under Extreme Conditions", J. Phys. C, 5(1972), 1921.
21) Hoover et al., "Bulk Viscosity via Nonequilibrium and Equilibrium Molecular Dynamics", Phys. Rev. A, 21(1980), 1756.
22) R.P Feynman, et al.(富山小太郎訳), "ファインマン物理学 II", pp.57-58, 岩波書店 (1995).
23) D.J.Evans, "Homogeneous NEMD Algorithm for Thermal Conductivity:Application of Non-Canonical Linear Response Theory", Phys. Lett. A, 91(1982), 457.
24) D.J. Evans, "Thermal Conductivity of the Lennard-Jones Fluid", Phys. Rev. A, 34(1986), 1449.
25) P.J.Davis and D.J.Evans, "Thermal Conductivity of a Shearing Fluid", Phys. Rev. E, 48(1993), 1058.
26) D.J.Evans, et al., "Nonequilibrium Molecular Dynamics via Gauss's Principle of

Least Constraint", Phys. Rev. A, 28(1983), 1016.
27) G.Jacucci and I.R.McDonald, "Structure and Diffusion in Mixtures of Rare Gas Liquids", Physica A, 80(1975), 607.

A1

マクスウェル分布

熱力学的平衡状態にある系の粒子の速度がどのような分布になっているかは、第1巻の「モンテカルロ・シミュレーション」の付録で議論した．ここでは本書に関係する式のみを示す。

粒子の質量を m, 系の温度を T, ボルツマン定数を kとおき，速度が$\boldsymbol{v}_i \sim (\boldsymbol{v}_i + d\boldsymbol{v}_i)$ の範囲内の値を有する確率を $f(\boldsymbol{v}_i)d\boldsymbol{v}_i$とすれば,

$$f(\boldsymbol{v}_i) = \left(\frac{m}{2\pi kT}\right)^{\frac{3}{2}} \exp\left\{-\frac{m}{2kT}\left(v_{ix}^2 + v_{iy}^2 + v_{iz}^2\right)\right\} \tag{A1.1}$$

この速度分布 fをマクスウェル分布 (Maxwellian distribution, Maxwell's velocity distribution) という．平衡状態にある系の分子の速度はマクスウェル分布に従った分布となっている．

式 (A1.1) は速度成分に関する確率密度関数であるが，この式を用いて速度の大きさ v_iの分布を求めることができる．粒子の速度の大きさが $v_i \sim (v_i + dv_i)$ の範囲内にある確率を$\chi(v_i)dv_i$とすれば,

$$\begin{aligned}\chi(v_i) &= \left(\frac{m}{2\pi kT}\right)^{\frac{3}{2}} \int_0^{\pi}\int_0^{2\pi} v_i^2 \exp\left(-\frac{m}{2kT}v_i^2\right)\sin\theta d\phi d\theta \\ &= 4\pi\left(\frac{m}{2\pi kT}\right)^{\frac{3}{2}} v_i^2 \exp\left(-\frac{m}{2kT}v_i^2\right)\end{aligned} \tag{A1.2}$$

となる．χの最大値を与える速度の大きさ $v_{mp} = (2kT/m)^{1/2}$を最確熱速度 (most probable thermal speed) と呼ぶ．

A2

差 分 公 式

解析的な表現とは異なり，数値解析法では関数は離散的な変数値に対して与えられる．いま，変数 t の関数 $f(t)$ を考えると，h を微小量とすれば，$f(t+h)$，$f(t-h)$ をテイラー級数展開して，

$$f(t+h) = f(t) + h\frac{df(t)}{dt} + \frac{h^2}{2!}\frac{d^2 f(t)}{dt^2} + \frac{h^3}{3!}\frac{d^3 f(t)}{dt^3} + \cdots \tag{A2.1}$$

$$f(t-h) = f(t) - h\frac{df(t)}{dt} + \frac{h^2}{2!}\frac{d^2 f(t)}{dt^2} - \frac{h^3}{3!}\frac{d^3 f(t)}{dt^3} + \cdots \tag{A2.2}$$

まず，式 (A2.1) において，h^2以上の項を無視すると，

$$\frac{df(t)}{dt} = \frac{f(t+h) - f(t)}{h} + O(h) \tag{A2.3}$$

式 (A2.2) から，

$$\frac{df(t)}{dt} = \frac{f(t) - f(t-h)}{h} + O(h) \tag{A2.4}$$

このような方法で，微分値を代数式で近似することを差分近似 (finite-difference approximation) という．近似の精度は h の何乗の項が省略されたかに依存し，式 (A2.3) と (A2.4) は同精度の近似で，1 次精度の近似である．式 (A2.3) は t の前方側の $(t+h)$ 点での fの値を用いて近似しているので，これを前進差分，一方，式 (A2.4) を後退差分という．

式 (A2.1) から式 (A2.2) を辺々引けば，次の中央差分近似が得られる．

$$\frac{df(t)}{dt} = \frac{f(t+h) - f(t-h)}{2h} + O(h^2) \tag{A2.5}$$

この式は $O(h^2)$ の項が省略されているので，2 次精度の近似であり，前進差分や後退差分よりも高精度の近似である．

2 階微分の差分近似も，テイラー級数展開を用いて同様に求めることができる．結果だけを示せば，

$$\frac{d^2f(t)}{dt^2} = \frac{f(t+h) - 2f(t) + f(t-h)}{h^2} + O(h^2) \tag{A2.6}$$

$$\frac{d^2f(t)}{dt^2} = \frac{f(t+2h) - 2f(t+h) + f(t)}{h^2} + O(h) \tag{A2.7}$$

$$\frac{d^2f(t)}{dt^2} = \frac{f(t-2h) - 2f(t-h) + f(t)}{h^2} + O(h) \tag{A2.8}$$

となる．

A3

輸送係数の表式の導出

拡散係数や粘度などの輸送係数と呼ばれている量は，ある量の時間相関関数(time correlation function)と関係づけることができる．したがって，まず時間相関関数について説明し，それから代表的な輸送係数である拡散係数，粘度，体積粘度，熱伝導率についての表式を導出する[1~4]．

A3.1　時間相関関数

時間に依存するある量を $A(t)$ と $B(t)$ とすれば，$A(t)$ と $B(t)$ の時間相関関数 $C_{AB}(t)$ は次式で定義される．

$$C_{AB}(t) = \lim_{\tau \to \infty} \frac{1}{\tau} \int_0^{\tau} A(s)B(s+t)ds \tag{A3.1}$$

もしくは集団平均を用いて，次式のようにも書ける．

$$C_{AB}(t) = \langle A(s)B(s+t) \rangle \tag{A3.2}$$

ここに，s は対象としている時間内の任意の値を取る．式(A3.1)と(A3.2)からわかるように，平衡状態の場合，相関関数 $C_{AB}(t)$ は時間の起点 s には依存せず，時間差 t にのみ依存する量である．このように時間の起点 s に依存しない相関関数を定常な(stationary)相関関数という．もし $A(t)$ と $B(t)$ の相関がなければ，$C_{AB}(t)$ は次式に帰着する．

$$C_{AB}(t) = \langle A \rangle \langle B \rangle \tag{A3.3}$$

さて，t の極限での相関関数を見てみる．まず，$t=0$ の場合，式 (A3.2) より，

$$C_{AB}(0) = \langle A(s)B(s)\rangle = \langle AB\rangle \tag{A3.4}$$

ここに，$A=A(s)$，$B=B(s)$ と置いた．$C_{AB}(0)$ を静的相関関数という．
一方，$t\to\infty$ の場合は，$A(t)$ と $B(t)$ の性質にも依存するが，もし，これらが非周期関数ならば，通常時間とともに相関はなくなるので，次のように書ける．

$$\lim_{t\to\infty} C_{AB}(t) = \langle A\rangle\langle B\rangle \tag{A3.5}$$

以上を考慮して，$C_{AB}(t)$ を次のように定義し直せば，

$$C_{AB}(t) = \langle (A(s)-\langle A\rangle)(B(s+t)-\langle B\rangle)\rangle \tag{A3.6}$$

$t\to\infty$ の極限に対して $C_{AB}=0$ となり，時間間隔を長くするに従って相関関数がゼロに漸近する．ゆえに，$t\to\infty$ に対して相関がなくなるという事実と符合し，非常に都合のよい定義となることがわかる．さらに，次のように規格化した相関関数 $c_{AB}(t)$ もよく用いられる．

$$c_{AB}(t) = \frac{C_{AB}(t)}{C_{AB}(0)} = \frac{\langle A(s)B(s+t)\rangle}{\langle AB\rangle} \tag{A3.7}$$

もしくは，

$$c_{AB}(t) = \frac{\langle (A(s)-\langle A\rangle)(B(s+t)-\langle B\rangle)\rangle}{\langle (A(s)-\langle A\rangle)(B(s)-\langle B\rangle)\rangle} \tag{A3.8}$$

もし，$B(t)=A(t)$ なら，$C_{AA}(t)$ を自己相関関数という．この自己相関関数の短い時間間隔での挙動を見てみる．式 (A3.2) の定義式を用いて，テイラー級数展開すれば，

$$\begin{aligned} C_{AA}(t) &= \langle A(s)A(s+t)\rangle \\ &= \left\langle A(s)^2\right\rangle + t\left\langle A(s)\dot{A}(s)\right\rangle + \frac{1}{2!}t^2\left\langle A(s)\ddot{A}(s)\right\rangle + \cdots \end{aligned} \tag{A3.9}$$

ここで，相関関数が定常であることを考慮すると，

$$\begin{aligned}\frac{dC_{AA}(t)}{ds} &= \frac{d}{ds}\langle A(s)A(s+t)\rangle \\ &= \left\langle \dot{A}(s)A(s+t)\right\rangle + \left\langle A(s)\dot{A}(s+t)\right\rangle = 0 \qquad \text{(A3.10)}\end{aligned}$$

と置くことができ，この式から次式が得られる．

$$\left\langle \dot{A}(s)A(s)\right\rangle = 0 \qquad \text{(A3.11)}$$

したがって，式 (A3.9) は次のようになる．

$$C_{AA}(t) = \langle A(s)^2\rangle + \frac{1}{2}t^2\left\langle A(s)\ddot{A}(s)\right\rangle + \cdots \qquad \text{(A3.12)}$$

これが短い時間間隔での自己相関関数の特徴を示す式である．この式から，$t=0$ で勾配ゼロを有する 2 次曲線に沿って相関が減小することがわかる．

A3.2 Green-Kubo 形と Einstein 形の表式

次項以降で示す各種輸送係数は，次のような二つの形で表すことができる．輸送係数をαで表すと，

$$\alpha = \int_0^\infty \left\langle \dot{A}(\tau)\dot{A}(0)\right\rangle d\tau \qquad \text{(A3.13)}$$

$$\alpha = \lim_{t\to\infty}\frac{1}{2t}\left\langle (A(t)-A(0))^2\right\rangle \qquad \text{(A3.14)}$$

式 (A3.13) および (A3.14) はそれぞれ Green-Kubo の公式，Einstein の関係として知られている．このように，輸送係数は自己相関関数の積分値で表された Green-Kubo 形と，自乗偏差の平均値で表された Einstein 形の二通りの形式で表すことができる．各種輸送係数における $A(t)$ の具体的な式は次項以後でみることにして，ここでは，式 (A3.13) と (A3.14) の等価性を示す．

まず，次式を考慮すると，

$$A(t) - A(0) = \int_0^t \dot{A}(t')\,dt' \qquad \text{(A3.15)}$$

【好評既刊】

Pythonによるマクロ経済予測入門

新谷 元嗣・前橋 昂平 著

A5判／224頁　刊行:2022年11月
978-4-254-12901-4 C3341
定価3,850円（本体3,500円）

マクロ経済活動における時系列データを
解析するための理論を理解し，Pythonで実践。

Pythonによる数値計算入門

河村 哲也・桑名 杏奈 著

A5判／216頁　刊行:2021年4月
978-4-254-12900-7 C3341
定価3,740円（本体3,400円）

数値計算の基本からていねいに解説，
何をしているのか理解したうえでPythonを使い実践。

Pythonによる計量経済学入門

中妻 照雄 著

A5判／224頁　刊行:2020年11月
978-4-254-12899-4 C3341
定価3,740円（本体3,400円）

確率論の基礎からはじめ，回帰分析，因果推論まで解説。
理解してPythonで実践。

Pythonによる ベイズ統計学入門

中妻 照雄 著

A5判／224頁　刊行:2019年4月
978-4-254-12898-7 C3341
定価3,740円（本体3,400円）

ベイズ統計学を基礎から解説，Pythonで実装。
マルコフ連鎖モンテカルロ法にはPyMC3を使用。

はじめてのPython＆seaborn —グラフ作成プログラミング—

十河 宏行 著

A5判／192頁　刊行:2019年2月
978-4-254-12897-0 C3341
定価3,300円（本体3,000円）

グラフを描くうちにPythonが身につく。
Spyderとseabornを活用し，手軽で思い通りにデータ処理。

式 (A3.14) の右辺の集団平均は次のように書き換えられる．

$$\begin{aligned}
&\left\langle (A(t) - A(0))^2 \right\rangle \\
&= \int_0^t \int_0^t \left\langle \dot{A}(t') \dot{A}(t'') \right\rangle dt' dt'' = \int_{-t'}^{t-t'} \int_0^t \left\langle \dot{A}(t') \dot{A}(\tau + t') \right\rangle dt' d\tau \\
&= \int_{-t}^0 \int_{-\tau}^t \left\langle \dot{A}(t') \dot{A}(\tau + t') \right\rangle dt' d\tau + \int_0^t \int_0^{t-\tau} \left\langle \dot{A}(t') \dot{A}(\tau + t') \right\rangle dt' d\tau \\
&= \int_0^t \int_\tau^t \left\langle \dot{A}(t') \dot{A}(t' - \tau) \right\rangle dt' d\tau + \int_0^t \int_0^{t-\tau} \left\langle \dot{A}(t') \dot{A}(\tau + t') \right\rangle dt' d\tau \\
&= 2 \int_0^t \int_0^{t-\tau} \left\langle \dot{A}(\tau + t') \dot{A}(t') \right\rangle dt' d\tau \\
&= 2 \int_0^t (t - \tau) \left\langle \dot{A}(\tau) \dot{A}(0) \right\rangle d\tau
\end{aligned} \tag{A3.16}$$

ここに，右辺の第 2 式は積分変数を t'' から$\tau = t'' - t'$に変換して得られ，第 3 式は，さらに，図 A3.1 に示すように，最初の積分をτから t'に変更することで得られる．また，最後の式は相関関数が定常であることを考慮して得られた．以上より，

$$\begin{aligned}
\lim_{t\to\infty} \frac{1}{2t} \left\langle (A(t) - A(0))^2 \right\rangle &= \lim_{t\to\infty} \int_0^t \left(1 - \frac{\tau}{t}\right) \left\langle \dot{A}(\tau) \dot{A}(0) \right\rangle d\tau \\
&= \int_0^\infty \left\langle \dot{A}(\tau) \dot{A}(0) \right\rangle d\tau
\end{aligned} \tag{A3.17}$$

が得られる．これは式 (A3.13) に等しい．したがって，式 (A3.13) と (A3.14) が等価であることが証明できた．

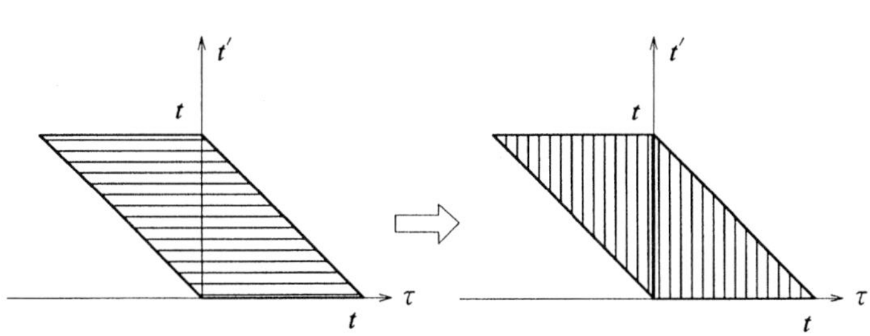

図 A3.1 積分順序の変更

最後に，式 (A3.14) の若干異なる表式を示す．式 (A3.16) の両辺を t で微分すると，

$$\frac{d}{dt}\left\langle (A(t)-A(0))^2 \right\rangle = \frac{d}{dt}\left\{2\int_0^t (t-\tau)\left\langle \dot{A}(\tau)\dot{A}(0)\right\rangle d\tau\right\}$$
$$= 2\int_0^t \left\langle \dot{A}(\tau)\dot{A}(0)\right\rangle d\tau \qquad \text{(A3.18)}$$

したがって，式 (A3.14) は次のようにも書ける．

$$\alpha = \lim_{t\to\infty}\frac{1}{2}\frac{d}{dt}\left\langle (A(t)-A(0))^2\right\rangle \qquad \text{(A3.19)}$$

A3.3 拡 散 係 数

粒子が時間 $t=0$ のときに原点にいたとすると，t 時間後に $\boldsymbol{r} \sim (\boldsymbol{r}+d\boldsymbol{r})$ の範囲内の位置にいる確率を $G(\boldsymbol{r},t)d\boldsymbol{r}$ とすれば，$G(\boldsymbol{r},t)$ は次に示す拡散方程式を満足する．

$$\frac{\partial G(\boldsymbol{r},t)}{\partial t} = D\nabla^2 G(\boldsymbol{r},t) \qquad \text{(A3.20)}$$

初期条件はディラックのデルタ関数を用いて次のように表せる．

$$G(\boldsymbol{r},0) = \delta(\boldsymbol{r}) \qquad \text{(A3.21)}$$

式 (A3.20) において D は拡散係数である．式 (A3.20) はフーリエ変換を用いると容易に解ける．$G(\boldsymbol{r},t)$ のフーリエ変換を $\hat{G}(\boldsymbol{k},t)$ とすれば，後述のフーリエ変換の式 (A3.80) より，

$$\hat{G}(\boldsymbol{k},t) = \frac{1}{(2\pi)^{3/2}}\int_{-\infty}^{\infty} G(\boldsymbol{r},t)e^{-i\boldsymbol{k}\cdot\boldsymbol{r}}d\boldsymbol{r} \qquad \text{(A3.22)}$$

式 (A3.20) の両辺をフーリエ変換すれば，式 (A3.82) を考慮して，

$$\frac{\partial \hat{G}(\boldsymbol{k},t)}{\partial t} = -k^2 D\hat{G}(\boldsymbol{k},t) \qquad \text{(A3.23)}$$

初期条件 (A3.21) もフーリエ変換すると,

$$\hat{G}(\boldsymbol{k},0)=1/(2\pi)^{3/2} \tag{A3.24}$$

したがって,初期条件 (A3.24) を満足する式 (A3.23) の解が次のように求まる.

$$\hat{G}(\boldsymbol{k},t)=\frac{1}{(2\pi)^{3/2}}\exp\left(-k^2Dt\right) \tag{A3.25}$$

この式の逆変換は容易にでき,式 (A3.20) の解が次のように得られる.

$$G(\boldsymbol{r},t)=\frac{1}{8(\pi Dt)^{3/2}}\exp\left(-\frac{r^2}{4Dt}\right) \tag{A3.26}$$

この確率密度を用いると,位置の自乗偏差の平均が容易に求まり,

$$\begin{aligned}\left\langle|\boldsymbol{r}(t)|^2\right\rangle&=\int_0^\infty r^2\cdot G(\boldsymbol{r},t)\cdot 4\pi r^2dr\\&=\frac{4\pi}{8(\pi Dt)^{3/2}}\int_0^\infty r^4\exp\left(-\frac{r^2}{4Dt}\right)dr=6Dt\end{aligned} \tag{A3.27}$$

となる.なお, 右辺第 2 式の積分値は数学の公式集に載っているので,そちらを参照されたい.式 (A3.27) は粒子間の衝突時間よりも十分長い時間に対して成り立つものである.粒子の初期条件に一般性を持たせると,結局,拡散係数 Dの Einstein 形の表式は次のようになる.

$$D=\lim_{t\to\infty}\frac{1}{2t}\cdot\frac{1}{3}\left\langle|\boldsymbol{r}(t)-\boldsymbol{r}(0)|^2\right\rangle \tag{A3.28}$$

Green-Kubo 形の表式は式 (A3.13) より次のようになる.

$$D=\frac{1}{3}\int_0^\infty\langle\boldsymbol{v}(t)\cdot\boldsymbol{v}(0)\rangle\,dt \tag{A3.29}$$

式 (A3.28),もしくは,(A3.29) からわかるように,拡散係数はある粒子単体に着目すれば求まる輸送係数である.したがって,実際のシミュレーションでは,構成粒子それぞれについて Dを求めてそれらを算術平均すれば,精度は向上する.

A3.4 粘度と体積粘度

拡散係数の表式を求めるときに拡散方程式を用いたと同様に，粘度ηと体積粘度η_Vの表式を求めるには，ナビエ・ストークス方程式を用いる．対流項を落としたナビエ・ストークス方程式は，外力が作用しないとすれば，次のように書ける．

$$\rho \frac{\partial \boldsymbol{u}(\boldsymbol{r}, t)}{\partial t} = \nabla \cdot \boldsymbol{\tau}(\boldsymbol{r}, t) \tag{A3.30}$$

ただし，$\boldsymbol{\tau}$は応力テンソルで次のように表せる[5]．

$$\boldsymbol{\tau} = -P\boldsymbol{I} + \eta \left\{ \nabla \boldsymbol{u} + (\nabla \boldsymbol{u})^t \right\} + \left(\eta_V - \frac{2}{3}\eta \right) (\nabla \cdot \boldsymbol{u}) \boldsymbol{I} \tag{A3.31}$$

ここには，ρは流体の密度，$\boldsymbol{u}$は流速，Pは圧力，$\boldsymbol{I}$は単位テンソル，$(\nabla \boldsymbol{u})^t$は$(\nabla \boldsymbol{u})$の転置テンソルである．なお，$(\eta_V - 2\eta/3)$を第2粘度ということがある．応力テンソル(A3.31)を式(A3.30)に代入整理すると，

$$\rho \frac{\partial \boldsymbol{u}}{\partial t} = -\nabla P + \eta \nabla^2 \boldsymbol{u} + \left(\frac{1}{3}\eta + \eta_V \right) \nabla (\nabla \cdot \boldsymbol{u}) \tag{A3.32}$$

ここに，$\nabla \cdot (\nabla \boldsymbol{u})^t = \nabla(\nabla \cdot \boldsymbol{u})$の関係を用いた．

さて，$\boldsymbol{u}(\boldsymbol{r}, t)$と$P(\boldsymbol{r}, t)$のフーリエ変換をそれぞれ$\boldsymbol{J}(\boldsymbol{k}, t)$，$\hat{P}(\boldsymbol{k}, t)$とすれば，式(A3.32)の両辺をフーリエ変換すると，式(A3.82)を考慮して，

$$\rho \frac{\partial \boldsymbol{J}(\boldsymbol{k}, t)}{\partial t} = -i\boldsymbol{k}\hat{P}(\boldsymbol{k}, t) - \eta k^2 \boldsymbol{J}(\boldsymbol{k}, t) - \left(\frac{1}{3}\eta + \eta_V \right) \boldsymbol{k} \left[\boldsymbol{k} \cdot \boldsymbol{J}(\boldsymbol{k}, t) \right] \tag{A3.33}$$

ここで，$\boldsymbol{k}$に平行な成分を$J_{\parallel}(\boldsymbol{k}, t)$，垂直な成分を$J_{\perp\alpha}(\boldsymbol{k}, t)(\alpha = 1, 2)$と書くと，式(A3.33)は次のように分解できる．

$$\rho \frac{\partial J_{\parallel}(\boldsymbol{k}, t)}{\partial t} = -ik\hat{P}(\boldsymbol{k}, t) - \left(\frac{4}{3}\eta + \eta_V \right) k^2 J_{\parallel}(\boldsymbol{k}, t) \tag{A3.34}$$

$$\rho \frac{\partial J_{\perp\alpha}(\boldsymbol{k}, t)}{\partial t} = -\eta k^2 J_{\perp\alpha}(\boldsymbol{k}, t) \tag{A3.35}$$

式 (A3.35) を用いて粘度ηの表式を求める．この式は簡単に解けて，

$$J_{\perp}(\boldsymbol{k},t) = J_{\perp}(\boldsymbol{k},0)\exp\left(-\frac{\eta k^2 t}{\rho}\right) \tag{A3.36}$$

ここに，表記の簡単化のために添字αを省略した．時間相関関数の定義式 (A3.7) を用いて $J_{\perp}(\boldsymbol{k},t)$ の自己相関関数 $c_{\perp}(t)$ を求めると，式 (A3.36) を考慮して，

$$\begin{aligned} c_{\perp}(t) &= \frac{\langle J_{\perp}^*(\boldsymbol{k},t)J_{\perp}(\boldsymbol{k},0)\rangle}{\langle J_{\perp}^*(\boldsymbol{k},0)J_{\perp}(\boldsymbol{k},0)\rangle} = \frac{\langle J_{\perp}^*(\boldsymbol{k},0)J_{\perp}(\boldsymbol{k},0)\rangle}{\langle J_{\perp}^*(\boldsymbol{k},0)J_{\perp}(\boldsymbol{k},0)\rangle}\exp\left(-\frac{\eta k^2 t}{\rho}\right) \\ &= \exp\left(-\frac{\eta k^2 t}{\rho}\right) \end{aligned} \tag{A3.37}$$

ここに，$*$の付いた量は対応する量の複素共役である．

次に，$J_{\perp}(\boldsymbol{k},t)$ を粒子の位置と速度で表す．系の粒子数を N，数密度を n，粒子 jの位置ベクトルと速度ベクトルをそれぞれ$\boldsymbol{r}_j(t)$，$\boldsymbol{v}_j(t)$ とすれば，流体の速度$\boldsymbol{u}(\boldsymbol{r},t)$ は次のように書ける．

$$n\boldsymbol{u}(\boldsymbol{r},t) = \sum_{j=1}^{N} \boldsymbol{v}_j(t)\delta\left(\boldsymbol{r}-\boldsymbol{r}_j(t)\right) \tag{A3.38}$$

ゆえに，式 (A3.80) を考慮すれば，

$$n\boldsymbol{J}(\boldsymbol{k},t) = \frac{1}{(2\pi)^{3/2}}\sum_{j=1}^{N} \boldsymbol{v}_j(t)e^{-i\boldsymbol{k}\cdot\boldsymbol{r}_j(t)} \tag{A3.39}$$

が得られる．もし，$\boldsymbol{k}$を z軸方向のベクトルとするならば，

$$nJ_{\perp}(\boldsymbol{k},t) = \frac{1}{(2\pi)^{3/2}}\sum_{j=1}^{N} \dot{x}_j(t)e^{-ikz_j(t)} \tag{A3.40}$$

ここでは，$\boldsymbol{k}$に垂直な粒子の速度成分を$\dot{x}_j(t)$ と取ったが，$\dot{y}_j(t)$ と取ってもよい．式 (A3.37) を変形した次の式に，

$$\langle J_{\perp}^*(\boldsymbol{k},t)J_{\perp}(\boldsymbol{k},0)\rangle = \langle J_{\perp}^*(\boldsymbol{k},0)J_{\perp}(\boldsymbol{k},0)\rangle\exp\left(-\frac{\eta k^2 t}{\rho}\right) \tag{A3.41}$$

式 (A3.40) を代入整理すると，次の式が得られる．

$$\left\langle \sum_{j=1}^{N}\sum_{l=1}^{N} \dot{x}_j(t)\dot{x}_l(0)e^{ik(z_j(t)-z_l(0))} \right\rangle$$
$$= \left\langle \sum_{j=1}^{N}\sum_{l=1}^{N} \dot{x}_j(0)\dot{x}_l(0)e^{ik(z_j(0)-z_l(0))} \right\rangle \exp\left(-\frac{\eta k^2 t}{\rho}\right) \quad \text{(A3.42)}$$

ここで，系の運動量が保存されるとする．また，平衡状態の場合，粒子の位置と速度は相関がないので，式 (A3.42) の右辺の集団平均は次のようになる．

$$\left\langle \sum_{j=1}^{N}\sum_{l=1}^{N} \dot{x}_j(0)\dot{x}_l(0)e^{ik(z_j(0)-z_l(0))} \right\rangle$$
$$= \sum_{j=1}^{N}\sum_{l=1}^{N} \left\langle \dot{x}_j(0)\dot{x}_l(0)\delta_{jl}e^{ik(z_j(0)-z_l(0))} \right\rangle$$
$$= \sum_{j=1}^{N} \left\langle \dot{x}_j^2(0) \right\rangle = N\frac{k_B T}{m} \quad \text{(A3.43)}$$

ここに，式 (2.7) を用いた．また，δ_{jl}はクロネッカーのデルタ，k_Bはボルツマン定数である．

式 (A3.42) の左辺は，指数関数をマクローリン展開すると，

$$\left\langle \sum_{j=1}^{N}\sum_{l=1}^{N} \dot{x}_j(t)\dot{x}_l(0) \right\rangle + ik \left\langle \sum_{j=1}^{N}\sum_{l=1}^{N} \dot{x}_j(t)\dot{x}_l(0)\left\{z_j(t)-z_l(0)\right\} \right\rangle$$
$$+\frac{(ik)^2}{2!}\left\langle \sum_{j=1}^{N}\sum_{l=1}^{N} \dot{x}_j(t)\dot{x}_l(0)\left\{z_j(t)-z_l(0)\right\}^2 \right\rangle + \cdots \quad \text{(A3.44)}$$

ここで，式 (A3.44) の第 1 項の集団平均は，系の運動量が保存されることを考慮すると，

$$\left\langle \sum_{j=1}^{N}\sum_{l=1}^{N} \dot{x}_j(0)\dot{x}_l(0) \right\rangle = \left\langle \sum_{j=1}^{N}\sum_{l=1}^{N} \dot{x}_j(0)\dot{x}_l(0)\delta_{jl} \right\rangle = N\frac{k_BT}{m} \qquad \text{(A3.45)}$$

のように表される．式 (A3.44) の第 2 項の集団平均は，次のようになる．

$$\begin{aligned}
&\left\langle \sum_{j=1}^{N}\sum_{l=1}^{N} \dot{x}_j(t)\dot{x}_l(0)z_j(t) \right\rangle - \left\langle \sum_{j=1}^{N}\sum_{l=1}^{N} \dot{x}_j(t)\dot{x}_l(0)z_l(0) \right\rangle \\
&= \left\langle \sum_{j=1}^{N}\sum_{l=1}^{N} \dot{x}_j(t)\dot{x}_l(t)z_j(t) \right\rangle - \left\langle \sum_{j=1}^{N}\sum_{l=1}^{N} \dot{x}_j(0)\dot{x}_l(0)z_j(0) \right\rangle \\
&= \left\langle \sum_{j=1}^{N}\sum_{l=1}^{N} \dot{x}_j(0)\dot{x}_l(0)z_j(0) \right\rangle - \left\langle \sum_{j=1}^{N}\sum_{l=1}^{N} \dot{x}_j(0)\dot{x}_l(0)z_j(0) \right\rangle \\
&= 0 \qquad \text{(A3.46)}
\end{aligned}$$

式 (A3.46) の右辺の第 1 式は運動量保存則より，第 2 式は集団平均が評価する時間点に依存しないという定常条件を用いて得られたものである．

以上，式 (A3.43)〜(A3.46) を式 (A3.42) に代入し，さらに，指数関数をマクローリン展開すると，次の式が得られる．

$$\begin{aligned}
&\frac{Nk_BT}{m} - \frac{k^2}{2}\left\langle \sum_{j=1}^{N}\sum_{l=1}^{N} \dot{x}_j(t)\dot{x}_l(0)\left\{z_j(t) - z_l(0)\right\}^2 \right\rangle + \cdots \\
&= \frac{Nk_BT}{m}\left\{1 - \frac{\eta k^2 t}{\rho} + \cdots\right\} \qquad \text{(A3.47)}
\end{aligned}$$

したがって，両辺の k^2 の係数を等しいと置くことで，次式が得られる．

$$\eta = \frac{1}{2t}\cdot\frac{1}{k_BTV}\left\langle \sum_{j=1}^{N}\sum_{l=1}^{N} p_{jx}(t)p_{lx}(0)\left\{z_j(t) - z_l(0)\right\}^2 \right\rangle \qquad \text{(A3.48)}$$

ここに，p_{jx}は運動量で $p_{jx} = m\dot{x}_j$である．証明は後に示すが，この式は次のようにも書ける．

$$\eta = \frac{1}{2t} \cdot \frac{1}{k_B TV} \left\langle \left\{ \sum_{j=1}^{N} z_j(t) p_{jx}(t) - \sum_{j=1}^{N} z_j(0) p_{jx}(0) \right\}^2 \right\rangle \tag{A3.49}$$

この式は，tが十分長い時間に対して成り立つので，結局，粘度ηの Einstein 形の表式を次のように得る．

$$\eta = \lim_{t\to\infty} \frac{1}{2t} \cdot \frac{1}{k_B TV} \left\langle \left\{ \sum_{j=1}^{N} z_j(t) p_{jx}(t) - \sum_{j=1}^{N} z_j(0) p_{jx}(0) \right\}^2 \right\rangle \tag{A3.50}$$

式 (A3.13) より，Green-Kubo 形の表式は次のようになる．

$$\eta = \frac{1}{k_B TV} \int_0^{\infty} \langle J_{zx}(t) J_{zx}(0) \rangle \, dt \tag{A3.51}$$

ここに，$J_{zx}(t)$ は次のとおりである．

$$\begin{aligned} J_{zx}(t) &= \sum_{j=1}^{N} \left\{ \frac{1}{m} p_{jz}(t) p_{jx}(t) + z_j(t) f_{jx}(t) \right\} \\ &= \sum_{j=1}^{N} \frac{1}{m} p_{jz}(t) p_{jx}(t) + \sum_{\substack{i=1 \\ (i<j)}}^{N} \sum_{j=1}^{N} z_{ij}(t) f_{ijx}(t) \end{aligned} \tag{A3.52}$$

ただし，$z_{ij} = z_i - z_j$，f_{ijx}は粒子 jから粒子 i に作用する力の x 成分である．右辺の第 2 式は次式を考慮することで得られた．

$$\begin{aligned} &\sum_i \boldsymbol{r}_i \cdot \boldsymbol{f}_i = \sum_i \sum_{j(\neq i)} \boldsymbol{r}_i \cdot \boldsymbol{f}_{ij} = \frac{1}{2} \sum_i \sum_{j(\neq i)} \left(\boldsymbol{r}_i \cdot \boldsymbol{f}_{ij} + \boldsymbol{r}_j \cdot \boldsymbol{f}_{ji} \right) \\ &= \frac{1}{2} \sum_i \sum_{j(\neq i)} \left(\boldsymbol{r}_i \cdot \boldsymbol{f}_{ij} - \boldsymbol{r}_j \cdot \boldsymbol{f}_{ij} \right) = \frac{1}{2} \sum_i \sum_{j(\neq i)} \boldsymbol{r}_{ij} \cdot \boldsymbol{f}_{ij} \\ &= \sum_{\substack{i \\ (i<j)}} \sum_j \boldsymbol{r}_{ij} \cdot \boldsymbol{f}_{ij} \end{aligned} \tag{A3.53}$$

体積粘度に移る前に，式 (A3.48) と (A3.49) の等価性を示す．式 (A3.48) および (A3.49) の集団平均の項をそれぞれ A と Bと置けば，

$$A = \left\langle \sum_{j=1}^{N}\sum_{l=1}^{N} p_{jx}(t)p_{lx}(0)z_j^2(t) \right\rangle - 2\left\langle \sum_{j=1}^{N}\sum_{l=1}^{N} p_{jx}(t)p_{lx}(0)z_j(t)z_l(0) \right\rangle + \left\langle \sum_{j=1}^{N}\sum_{l=1}^{N} p_{jx}(t)p_{lx}(0)z_l^2(0) \right\rangle \tag{A3.54}$$

$$B = \left\langle \sum_{j=1}^{N}\sum_{l=1}^{N} p_{jx}(t)p_{lx}(t)z_j(t)z_l(t) \right\rangle - 2\left\langle \sum_{j=1}^{N}\sum_{l=1}^{N} p_{jx}(t)p_{lx}(0)z_j(t)z_l(0) \right\rangle + \left\langle \sum_{j=1}^{N}\sum_{l=1}^{N} p_{jx}(0)p_{lx}(0)z_j(0)z_l(0) \right\rangle \tag{A3.55}$$

系の運動量保存則と集団平均の定常条件を用いると，A の右辺第 1 項は次のようになる．

$$\left\langle \sum_{j=1}^{N}\sum_{l=1}^{N} p_{jx}(t)p_{lx}(t)z_j^2(t) \right\rangle = \left\langle \sum_{j=1}^{N}\sum_{l=1}^{N} p_{jx}(0)p_{lx}(0)z_j^2(0)\delta_{jl} \right\rangle = \left\langle \sum_{j=1}^{N} p_{jx}^2(0)z_j^2(0) \right\rangle \tag{A3.56}$$

A の右辺第 3 項は，

$$\left\langle \sum_{j=1}^{N}\sum_{l=1}^{N} p_{jx}(t)p_{lx}(0)z_l^2(0) \right\rangle = \left\langle \sum_{j=1}^{N}\sum_{l=1}^{N} p_{jx}(0)p_{lx}(0)z_l^2(0)\delta_{jl} \right\rangle = \left\langle \sum_{j=1}^{N} p_{jx}^2(0)z_j^2(0) \right\rangle \tag{A3.57}$$

Bの右辺第 1 項と第 3 項は等しく，

$$\left\langle \sum_{j=1}^{N}\sum_{l=1}^{N} p_{jx}(0)p_{lx}(0)z_j(0)z_l(0)\delta_{jl} \right\rangle = \left\langle \sum_{j=1}^{N} p_{jx}^2(0)z_j^2(0) \right\rangle \tag{A3.58}$$

ただし，式 (A3.58) においては，速度分布関数が偶関数であることを用いた．以上より，$A=B$であることがわかり，したがって，式 (A3.48) が (A3.49) と等価であることが証明できた．

なお，Einstein 形の表式，特に，McQuarrie の本[1]に載っている式 (A3.49) をさらに変形した式は，正しい輸送係数の表式になっていないという指摘が Allen らによってなされている[6,7]．

体積粘度η_Vの表式は式 (A3.34) において圧力の項を無視した式から得られる．この場合，式 (A3.35) と類似の式になるので，同様の手順でη_Vの表式が得られる．結果だけを示せば，

$$\left(\eta_V+\frac{4}{3}\eta\right)=\lim_{t\to\infty}\frac{1}{2t}\cdot\frac{1}{k_BTV}\left\langle\left\{\sum_{j=1}^{N}x_j(t)p_{jx}(t)-\sum_{j=1}^{N}x_j(0)p_{jx}(0)-PVt\right\}^2\right\rangle \tag{A3.59}$$

Green-Kubo 形では，

$$\left(\eta_V+\frac{4}{3}\eta\right)=\frac{1}{k_BTV}\int_0^{\infty}\langle\left(J_{xx}(t)-PV\right)\left(J_{xx}(0)-PV\right)\rangle\,dt \tag{A3.60}$$

ただし，$J_{xx}(t)$ は次のとおりである．

$$J_{xx}(t)=\sum_{j=1}^{N}\frac{1}{m}p_{jx}^2(t)+\sum_{\substack{j=1\\(i<j)}}^{N}\sum_{l=1}^{N}x_{ij}(t)f_{ijx}(t) \tag{A3.61}$$

体積粘度の表式は，小正準集団を対象としたものであり[1]，他の統計集団の場合は若干異なる式になる．なお，体積粘度は流体の体積変化に対する抵抗の程度を表す物性値である．

粘度や体積粘度は拡散係数の場合と異なり，粒子単体の量から得られるものではない．したがって，実際のシミュレーションで精度を上げるには，例えば，粘度の場合，J_{xy}，J_{xz}，J_{yx}，J_{yz}，J_{zx}，J_{zy}に対して求めた粘度の算術平均を取ることによりある程度達成できる．

A3.5 熱 伝 導 率

熱伝導率の表式の導出に際しては，熱伝導方程式を用いる．位置$\boldsymbol{r}$の微小検査体積の単位体積当たりの内部エネルギーを$E(\boldsymbol{r},t)$，温度を$T(\boldsymbol{r},t)$とし，熱伝導率をλとすれば，熱伝導方程式は次のように書ける．

$$\frac{\partial E(\boldsymbol{r},t)}{\partial t} = \lambda \nabla^2 T(\boldsymbol{r},t) \tag{A3.62}$$

ここで，平均値からの偏差を問題にすれば，$\tilde{E}(\boldsymbol{r},t) = E(\boldsymbol{r},t) - \langle E(\boldsymbol{r},t)\rangle$，$\tilde{T}(\boldsymbol{r},t) = T(\boldsymbol{r},t) - \langle T(\boldsymbol{r},t)\rangle$と置くと，式 (A3.62) は次のようにも書ける．

$$\frac{\partial \tilde{E}(\boldsymbol{r},t)}{\partial t} = \lambda \nabla^2 \tilde{T}(\boldsymbol{r},t) \tag{A3.63}$$

一方，いま考えている温度変化の範囲内で定積比熱c_vが一定とすれば，内部エネルギーと温度は次の関係で結ばれる．

$$\tilde{E}(\boldsymbol{r},t) = \rho c_v \tilde{T}(\boldsymbol{r},t) \tag{A3.64}$$

ここに，ρは密度であり，一定とする．ゆえに，式 (A3.63) は次のように書ける．

$$\frac{\partial \tilde{E}(\boldsymbol{r},t)}{\partial t} = \frac{\lambda}{\rho c_v} \nabla^2 \tilde{E}(\boldsymbol{r},t) \tag{A3.65}$$

さて，この式は式 (A3.20) と類似の式なので，同様の手順で$\tilde{E}(\boldsymbol{r},t)$のフーリエ変換$L(\boldsymbol{k},t)$の解を次のように得ることができる．

$$L(\boldsymbol{k},t) = L(\boldsymbol{k},0)\exp\left(-\frac{\lambda k^2 t}{\rho c_v}\right) \tag{A3.66}$$

$E(\boldsymbol{r},t)$を粒子jが有するエネルギー$E_j(t)$，すなわち，

$$E_j(t) = \frac{1}{2} m v_j^2(t) + \frac{1}{2} \sum_{\substack{l=1 \\ (l\neq j)}}^{N} u_{jl}(t) \tag{A3.67}$$

を用いて表すと，式 (A3.38) と類似の形となり，

$$E(\boldsymbol{r},t) = \sum_{j=1}^{N} E_j(t)\delta(\boldsymbol{r} - \boldsymbol{r}_j(t)) \tag{A3.68}$$

ここに，u_{jl}は粒子j, l間の相互作用のエネルギーである．ゆえに，定義式(A3.80)に従えば，

$$L(\boldsymbol{k}, t) = \frac{1}{(2\pi)^{3/2}} \sum_{j=1}^{N} \tilde{E}_j(t) e^{-i\boldsymbol{k}\cdot\boldsymbol{r}_j(t)} \tag{A3.69}$$

粘度の場合と同様の手順により，式(A3.42)に相当する式を導出すると，

$$\begin{aligned}&\left\langle \sum_{j=1}^{N}\sum_{l=1}^{N} \tilde{E}_j(t)\tilde{E}_l(0)e^{ik\{z_j(t)-z_l(0)\}} \right\rangle \\ &= \left\langle \sum_{j=1}^{N}\sum_{l=1}^{N} \tilde{E}_j(0)\tilde{E}_l(0)e^{ik\{z_j(0)-z_l(0)\}} \right\rangle \exp\left(-\frac{\lambda k^2 t}{\rho c_v}\right)\end{aligned} \tag{A3.70}$$

ここで，次の式が成り立つ．

$$\begin{aligned}&\left\langle \sum_{j=1}^{N}\sum_{l=1}^{N} \tilde{E}_j(0)\tilde{E}_l(0)e^{ik\{z_j(0)-z_l(0)\}} \right\rangle \\ &= \left\langle \sum_{j=1}^{N}\sum_{l=1}^{N} \tilde{E}_j(0)\tilde{E}_l(0)\delta_{jl}e^{ik\{z_j(0)-z_l(0)\}} \right\rangle \\ &= \sum_{j=1}^{N} \langle (E_j(0) - \langle E_j(0)\rangle)^2 \rangle \\ &= \left\langle \left(\sum_{j=1}^{N} E_j(0) \right)^2 \right\rangle - \left\langle \sum_{j=1}^{N} E_j(0) \right\rangle^2\end{aligned} \tag{A3.71}$$

右辺第3式を変形すれば，第2式が得られることは容易に示すことができる．式(A3.71)は，$C_v = (\langle H^2\rangle - \langle H\rangle^2)/k_B T^2$ (C_vは定積熱容量，Hはハミルトニアン)なる関係を考慮し，系の温度をTとすれば，結局，次のようになる．

$$k_B T^2 \cdot \rho c_v V \tag{A3.72}$$

ゆえに，式(A3.48)に相当する式が次のように得られる．

$$\lambda = \frac{1}{2t} \cdot \frac{1}{k_B T^2 V} \left\langle \sum_{j=1}^{N}\sum_{l=1}^{N} \tilde{E}_j(t)\tilde{E}_l(0)\{z_j(t) - z_l(0)\}^2 \right\rangle \tag{A3.73}$$

粘度の場合と同様にして，結局，熱伝導率λの Einstein 形の表式を次のように得る．

$$\lambda = \lim_{t\to\infty} \frac{1}{2t} \cdot \frac{1}{k_B T^2 V} \left\langle \left\{ \sum_{j=1}^{N} z_j(t)\tilde{E}_j(t) - \sum_{j=1}^{N} z_j(0)\tilde{E}_j(0) \right\}^2 \right\rangle \quad \text{(A3.74)}$$

以上においては，エネルギー保存則が用いられた．一方，式(A3.13) より，Green-Kubo 形の表式は次のようになる．

$$\lambda = \frac{1}{k_B T^2 V} \int_0^\infty \langle J_z(t) J_z(0) \rangle dt \quad \text{(A3.75)}$$

ただし，$J_z(t)$ は次式で与えられる．

$$J_z(t) = \sum_{j=1}^{N} \dot{z}_j (E_j - \langle E_j \rangle) - \frac{1}{2} \sum_{\substack{j=1 \\ (j\neq l)}}^{N} \sum_{l=1}^{N} \frac{w(r_{jl})}{r_{jl}^2} z_{jl} (\boldsymbol{v}_j \cdot \boldsymbol{r}_{jl}) \quad \text{(A3.76)}$$

ここに，$w(r_{jl}) = -\boldsymbol{r}_{jl} \cdot \boldsymbol{f}_{jl}$，$\boldsymbol{v}_j$は粒子 jの速度，$\boldsymbol{r}_{jl} = \boldsymbol{r}_j - \boldsymbol{r}_l$である．また，右辺第 2 項は次式を変形して得られた．

$$\sum_{j=1}^{N} z_j(t) \frac{d\tilde{E}_j(t)}{dt} = \sum_{j=1}^{N} z_j \left\{ \boldsymbol{v}_j \cdot \boldsymbol{f}_j + \frac{1}{2} \sum_{l=1(\neq j)}^{N} \frac{w(r_{jl})}{r_{jl}^2} (\boldsymbol{r}_{jl} \cdot \boldsymbol{v}_{jl}) \right\} \quad \text{(A3.77)}$$

上述したλの表式は，導出過程からわかるように，小正準集団で成り立つ式であることに注意されたい．実際のシミュレーションでは，J_x，J_y，J_zに対するλの値を求めて算術平均を取れば精度が改善できる．

A3.6 フーリエ変換

輸送係数の表式の導出に際して必要となる式を示す．まず，フーリエ変換の定義式を示す．ある関数 $f(x)$ のフーリエ変換 $F(k)$ は次式で定義される．

$$F(k) = \frac{1}{(2\pi)^{1/2}} \int_{-\infty}^{\infty} f(x) e^{-ikx} dx \quad \text{(A3.78)}$$

ここで，$f(x)$ が $(-\infty,\infty)$ で定義されていて，$f(x)$ と $df(x)/dx$ が区分的に連続であり，しかも，

$$\int_{-\infty}^{\infty}|f(x)|dx$$

が有限確定ならば，次式が成り立つ (数学的に厳密な議論はフーリエ変換・フーリエ積分の一般的な参考書を参照のこと).

$$f(x)=\frac{1}{(2\pi)^{1/2}}\int_{-\infty}^{\infty}F(k)e^{ikx}dk \tag{A3.79}$$

式 (A3.79) を $f(x)$ のフーリエ積分と呼ぶ．もし，f が $\boldsymbol{r}=(x,y,z)$ の関数ならば，式 (A3.78) と (A3.79) はそれぞれ次のようになる．

$$F(\boldsymbol{k})=\frac{1}{(2\pi)^{3/2}}\int_{-\infty}^{\infty}f(\boldsymbol{r})e^{-i\boldsymbol{k}\cdot\boldsymbol{r}}d\boldsymbol{r} \tag{A3.80}$$

$$f(\boldsymbol{r})=\frac{1}{(2\pi)^{3/2}}\int_{-\infty}^{\infty}F(\boldsymbol{k})e^{i\boldsymbol{k}\cdot\boldsymbol{r}}d\boldsymbol{k} \tag{A3.81}$$

最後に，輸送係数の表式の導出で必要になる式をまとめて示す．流体の圧力を P，流速を $\boldsymbol{u}$ とすれば，∇P，$\nabla^2\boldsymbol{u}$，$\nabla(\nabla\cdot\boldsymbol{u})$ のフーリエ変換はそれぞれ次のようになる．

$$\left.\begin{aligned}
&\frac{1}{(2\pi)^{3/2}}\int_{-\infty}^{\infty}\nabla Pe^{-i\boldsymbol{k}\cdot\boldsymbol{r}}d\boldsymbol{r}=i\boldsymbol{k}\hat{P}(\boldsymbol{k},t)\\
&\frac{1}{(2\pi)^{3/2}}\int_{-\infty}^{\infty}\nabla^2\boldsymbol{u}e^{-i\boldsymbol{k}\cdot\boldsymbol{r}}d\boldsymbol{r}=-k^2\boldsymbol{J}(\boldsymbol{k},t)\\
&\frac{1}{(2\pi)^{3/2}}\int_{-\infty}^{\infty}\nabla(\nabla\cdot\boldsymbol{u})e^{-i\boldsymbol{k}\cdot\boldsymbol{r}}d\boldsymbol{r}=-\boldsymbol{k}[\boldsymbol{k}\cdot\boldsymbol{J}(\boldsymbol{k},t)]
\end{aligned}\right\} \tag{A3.82}$$

ここに，$\hat{P}(\boldsymbol{k},t)$ と $\boldsymbol{J}(\boldsymbol{k},t)$ はそれぞれ圧力 $P(\boldsymbol{r},t)$ および流速 $\boldsymbol{u}(\boldsymbol{r},t)$ のフーリエ変換である．これらの式は同様の手順で証明できるので，第 1 式だけの証明を示すことにする．$\boldsymbol{k}$ を $\boldsymbol{k}=(k_x,k_y,k_z)$ とおけば，x 成分に関して

$$\frac{1}{(2\pi)^{3/2}}\int_{-\infty}^{\infty}\int_{-\infty}^{\infty}\int_{-\infty}^{\infty}\frac{\partial P}{\partial x}e^{-i(k_xx+k_yy+k_zz)}dxdydz$$

$$= \frac{1}{(2\pi)^{3/2}} \int_{-\infty}^{\infty} \int_{-\infty}^{\infty} \left[P e^{-i(k_x x + k_y y + k_z z)} \right]_{-\infty}^{\infty} dydz$$

$$+ \frac{ik_x}{(2\pi)^{3/2}} \int_{-\infty}^{\infty} \int_{-\infty}^{\infty} \int_{-\infty}^{\infty} P e^{-i\boldsymbol{k}\cdot\boldsymbol{r}} dxdydz$$

$$= ik_x \frac{1}{(2\pi)^{3/2}} \int_{-\infty}^{\infty} P e^{-i\boldsymbol{k}\cdot\boldsymbol{r}} d\boldsymbol{r} = ik_x \hat{P}(\boldsymbol{k}, t) \tag{A3.83}$$

ここに，右辺第１式の第１項がゼロとなるのは，式(6.85)を得たのと同様のことを考慮した．同様に y, z成分を求めると，式(A3.82)の第１式が得られる．

文　　献

1) D. A. McQuarrie, "Statistical Mechanics", Chap. 12, Harper & Row, New York (1976).
2) R. Zwanzig, "Time-Correlation Functions and Transport Coefficients in Statistical Mechanics", Ann. Rev. Phy. Chem., 16(1965), 67.
3) E. Helfand, "Transport Coefficients from Dissipation in a Canonical Ensemble", Phys. Rev., 119(1960), 1.
4) J. P. Hansen and I. R. McDonald, "Theory of Simple Liquids", 2nd ed., Chap. 8, Academic Press, London (1986).
5) D. A. McQuarrie, "Statistical Mechanics", Chap. 17, Harper & Row, New York (1976).
6) M. P. Allen, et al., "Comment on "Use of the McQuarrie Equation for the Computation of Shear Viscosity via Equilibrium Molecular Dynamics"", Phys. Rev. E, 49 (1994), 2488.
7) M. P. Allen, "Comment on "Relationship between McQuarrie and Helfand Equations for the Determination of Shear Viscosity from Equilibrium Molecular Dynamics"", Phys. Rev. E, 50(1994), 3277.

A4
乱　数

粒子の初期速度の設定や分子と物体との衝突処理において，$(0 \sim 1)$ に一様に分布した一様乱数列が用いられる．通常，計算機が提供する乱数列を用いてもよいが，独自に算術的に生成することもできる．以下においては，代表的な一様乱数列の算術的発生法を示す．ついで，一様乱数列を用いた任意の分布を有する乱数発生法を示す[1)]．

A4.1　一様乱数

乱数列はその本来の意味からするとお互いに相関のないまったくランダムな数値の数列と考えられるが，算術的に生成する乱数列はそのような性質をできるだけ満たすように生成した疑似的な乱数列である．したがって，このような算術的に生成された乱数を正式には疑似乱数 (pseudo random number) と呼ばれるが，通常は，単に乱数 (random number) と呼んでいる．以下においては，代表的な算術的方法である乗積合同法 (multiplicative congruential method) について示すが，詳細は第１巻「モンテカルロ・シミュレーション」を参照されたい．

乗積合同法は次の算術式によって乱数を発生させる．

$$x_n = \lambda x_{n-1} (\mathrm{mod}\, P) \tag{A4.1}$$

この式の右辺は，λx_{n-1}の値を Pで除算した余りを意味する．ここに，λとPは正の整数である．初期値 x_0を与えれば，式 (A4.1) にしたがって乱数列 $(x_1, x_2, \cdots, x_n, \cdots)$ が得られる．x_nの取り得る値は $1 \le x_n \le P-1$ を満たすので，Pで割ることで 0 から 1 に分布する一様乱数列が得られる．λと Pの値の多くの例は適当な参考書[1)]に載っているので，そちらを参照されたい．ここでは$\lambda = 5^{11}$と $P = 2^{31}$と取った場合の計算プログラムの一例を付録 A5.4 に示してある．ただし $x_0 = 584287$ と取っている．

通常，計算機は整数の表現可能な範囲が限定される．例えば，32 ビットで正負の整数を合わせて表現する場合，多くの計算機は 2 の補数による表現法を採用しているので，最上位 1 ビットを符号に使用するとして，(-2^{31}) から $(2^{31}-1)$ の範囲の整数の表現が可能となる．計算機が 2 の補数による表現法を採用している場合，$((2^{31}-1)+1)$ を計算させると (-2^{31}) を答えとして返してくる．同様に $((2^{31}-1)+2), ((2^{31}-1)+3)$ は，それぞれ，$(-2^{31}+1), (-2^{31}+2)$ を答えとして返してくる．さらに，正の整数 a と b を掛けて $a \times b$ を計算するとき，$a \times b$ が $(2^{31}-1)$ を越えた場合には，答えとして返す c は理論上の余り $ab(\mathrm{mod}\, P)$ と次のような関係にある．$P = 2^{31}$として，

$$ab(\mathrm{mod}\, P) = \begin{cases} c & (\mathrm{for}\, c \geq 0) \\ c + P & (\mathrm{for}\, c < 0) \end{cases} \tag{A4.2}$$

付録 A5.4 に示した計算プログラムは以上の方法を用いたものである．

A4.2　非一様分布な乱数の発生法

分子シミュレーションで重要なのは，ある確率密度に従った非一様な乱数列を発生させることである．例えば，初期速度としてマクスウェル分布に従った速度を各粒子に割り当てる際，このような非一様な乱数列が必要となる．非一様な乱数列は上述の一様乱数列を用いて生成することができる．ここでは代表的な二つの乱数発生法である直接法と棄却法について説明する．

直接法は，非一様な乱数が一様乱数の解析関数で表される場合に適応できる．確率変数 x が確率密度関数 $f(x)$ を有しているとすれば，累積分布 $F(x)$ は次のように書ける．

$$F(x) = \int_{-\infty}^{x} f(x')dx' \tag{A4.3}$$

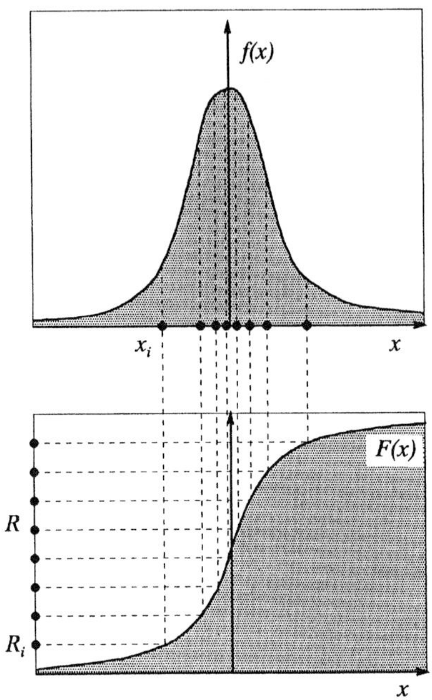

図 **A4.1**　直接法による任意分布の乱数発生

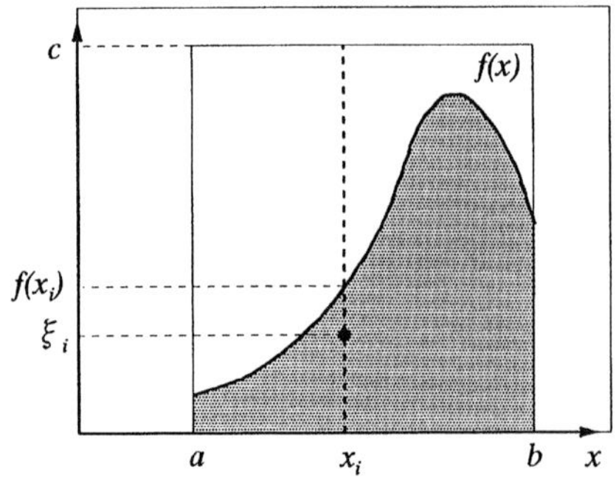

図 **A4.2**　棄却法による任意分布の乱数発生

$f(x)$ は確率密度なので，$F(x)$ の取り得る値の範囲は $0 \leq F(x) \leq 1$ であることは自明である．したがって，図 A4.1 に示すように，$[0,1]$ に存在する一様乱数列から取られた乱数 R_iを $F(x)$ の値に設定すれば，それに対応する x_iが式 (A4.3) から得られる．このように生成した乱数列 $(x_1, x_2, \cdots)$ は，大きな $f(x)$ の値を与える x ほど頻繁にサンプリングされる，すなわち，確率密度 $f(x)$ に従った乱数列となる[1)]．このことは図 A4.1 からも理解できる．したがって，もし，式 (A4.3) の左辺を一様乱数 Rで置き換えた式から，$x = g(R)$ という形に解析的に表すことができれば，一様乱数列 $(R_1, R_2, \cdots)$ から確率密度に従った乱数列 $(x_1, x_2, \cdots)$ を発生させることができる．

次に，棄却法を示す．この方法は，上で見たような $x = g(R)$ のように解析的に表せない複雑な確率密度関数のときに威力を発生する．図 A4.2 に示すように，確率密度 $f(x)$ が $a \leq x \leq b$ で定義され，その最大値，もしくは，それよりも大きい値を c とする．まず，一様乱数を用いて x をサンプリングする，すなわち，$x_i = (b-a)R_i + a$ とする．次に，もう一つの別な乱数 R'_iを用いて $\xi_i = cR'_i$を計算し，もし $f(x_i) > \xi_i$ならば x_iを乱数として採用し，他の場合には x_iを棄却して乱数として採用しない．図 A4.2 からわかるように，このようにして生成した乱数列 $(x_1, x_2, \cdots)$ は $f(x_i)$ の値が大きいほど採用される確率が高くなるので，確率密度が大きい x がより多くサンプリングされることがわかる．すなわち，確率密度に従った分布を有する乱数列となる．

次に，実際のシミュレーションで有用となる代表的な確率密度関数の場合の乱数発生法の例をいくつか示す．次式で示す正規分布の場合には，

$$f(x) = \frac{1}{\sigma(2\pi)^{1/2}} \exp\left\{\frac{-(x-\langle x\rangle)^2}{2\sigma^2}\right\} \qquad (-\infty < x < \infty) \qquad \text{(A4.4)}$$

Box-Muller 法[2]により一様乱数 R_1と R_2より次のように得られる．

$$\left.\begin{aligned} x &= \langle x\rangle + (-2\sigma^2 \ln R_1)^{1/2} \cos 2\pi R_2 \\ \text{or} &= \langle x\rangle + (-2\sigma^2 \ln R_1)^{1/2} \sin 2\pi R_2 \end{aligned}\right\} \qquad \text{(A4.5)}$$

もし，式 (A1.1) のような 3 次元の正規分布ならば，式 (A4.5) において x を y に，乱数 (R_1, R_2) を (R_3, R_4) に代えると yが得られ，zについても同様である．一次元の正規分布が式 (A4.5) によって得られることは，次に示す三次元の場合から容易に理解できる．

物体まわりの流れのシミュレーションにおいて，境界条件の取り方によって次のような確率密度関数を取り扱わなければならない．

$$f(\boldsymbol{v}) = \frac{2}{\pi a^2} v_z \exp\{-(v_x^2 + v_y^2 + v_z^2)/a\} \qquad \text{(A4.6)}$$
$$(a > 0, -\infty < v_x, v_y < \infty, 0 < v_z < \infty)$$

この場合，(v_x, v_y, v_z) は一様乱数 (R_1, R_2, R_3) を用いて次のように得られる．

$$\left.\begin{aligned} v_x &= \sqrt{-a \ln R_1} \cos 2\pi R_2 \\ v_y &= \sqrt{-a \ln R_1} \sin 2\pi R_2 \\ v_z &= \sqrt{-a \ln R_3} \end{aligned}\right\} \qquad \text{(A4.7)}$$

式 (A4.6) を式 (A4.3) に当てはめれば，逆変換して式 (A4.7) は容易に導ける．

式 (A4.6) を若干変形した次式は，粒子の領域への流入や流出の条件を設定する場合にしばしば現れる．

$$f(v_z) = \frac{2}{a^2} \cdot \frac{1}{A} v_z \exp\{-(v_z - U)^2/a^2\} \tag{A4.8}$$
$$(a > 0, U > 0, 0 < v_z < \infty)$$

ここに，A は規格化条件より生じる定数値である．この確率密度の場合直接法が適用できないので，棄却法を用いて非一様乱数を発生させる．

文 献

1) 津田孝夫，"モンテカルロ法とシミュレーション"，第 2 章，培風館 (1977).
2) G. E. P. Box and M. E. Muller, "A Note on the Generation of Random Normal Deviates", Ann. Math. Stat., 29(1958), 610.

A5

基本的なFORTRANの計算プログラム集

分子動力学シミュレーションのためのFORTRAN言語による計算プログラムの例を示す．まず，初期状態設定や力計算などのサブルーチンを示し，ついで各種小正準分子動力学アルゴリズムの主ルーチン部を示す．最後に，velocity Verletアルゴリズムの安定性の検討プログラムを示す．これらのプログラムにおいては，次の変数が共通の意味で用いられている．

共通な変数名：

RX(I), RY(I), RZ(I)	：粒子 i の位置ベクトル $\boldsymbol{r}_i^*$ の成分
VX(I), VY(I), VZ(I)	：粒子 i の速度ベクトル $\boldsymbol{v}_i^*$ の成分
FX(I), FY(I), FZ(I)	：粒子 i に作用する力 $\boldsymbol{f}_i^*$ の成分
N	：系の粒子数
NDENS	：粒子の数密度
TEMP	：系の温度
RCOFF	：カットオフ半径
H	：時間きざみ
XL, YL, ZL	：直方体のシミュレーション領域の一辺の長さ
L	：立方体のシミュレーション領域の一辺の長さ
RAN(J)	：0 ∼ 1 に分布する一様乱数列 (J=1 ∼ NRANMX)

分子モデルが問題となる場合，すべてレナード・ジョーンズ分子を用いており，σ，ε，m(分子の質量) を適当に組み合わせた次の量で諸量が無次元化されている．距離がσ，数密度が $1/\sigma^3$，密度が m/σ^3，温度がε/k，エネルギーがε，

力がε/σ，速度が$(\varepsilon/m)^{1/2}$，時間が$\sigma(m/\varepsilon)^{1/2}$などである．無次元量には，上付き添字*が付してある．

ここで示した計算プログラムを流用する場合，得られた結果については各自が責任を負うものとする．

なお，付録で示した FORTRAN プログラムは，インターネットを介して，anonymous ftp によって入手できるようになっている．手続きは次のとおりである．

ftp 133.82.179.88
anonymous
<name>
cd book96dir
get book96b.for
quit

<name>には，各自の名前を入力されたい．

A5.1　3次元系の初期位置の設定 (SUBROUTINE INIPOSIT)

面心立方格子状に粒子を配置する．数密度n^*と格子定数a^*は$n^*=4/a^{*3}$なる関係があるので，$a^*=(4/n^*)^{1/3}$である．また，基本格子をQ倍してシミュレーション領域を作るとすれば，$4Q^3=N$なる関係があるので，$Q=(N/4)^{1/3}$である．

```
C*********************************************************************
C   THIS SUBROUTINE IS FOR SETTING INITIAL POSITIONS OF PARTICLES    *
C   AT CLOSED-PACKED LATTICE POINTS FOR THREE-DIMENSIONAL SYSTEM.    *
C      0<RX(I)<L  ,   0<RY(I)<L   ,   0<RZ(I)<L                      *
C*********************************************************************
C**** SUB INIPOSIT *****
      SUBROUTINE INIPOSIT( N , NDENS , L )
C
      IMPLICIT REAL*8 ( A-H , O-Z )
C
      COMMON /BLOCK1/ RX , RY , RZ
C
```

```
      PARAMETER( NN=2050 , PI=3.141592653589793D0 )
C
      REAL*8  RX(NN), RY(NN), RZ(NN), NDENS , L
      INTEGER N
C
      REAL*8  RXI, RYI, RZI, RX0, RY0, RZ0 , C0
      INTEGER Q  , K  , IX , IY , IZ
C
      C0 =  ( 4.D0/NDENS )**(1./3.)
      Q  =  IDNINT( DBLE(N/4)**(1./3.) )
      L  =  C0*DBLE(Q)
C                                       --- SET INITIAL POSITIONS ---
      K  =  0
C
      DO 100 IFACE=1,4
C
        IF( IFACE.EQ.1 ) THEN
          RX0 = 0.0001D0
          RY0 = 0.0001D0
          RZ0 = 0.0001D0
        ELSE IF( IFACE.EQ.2 ) THEN
          RX0 = C0/2.D0
          RY0 = C0/2.D0
          RZ0 = 0.0001D0
        ELSE IF( IFACE.EQ.3 ) THEN
          RX0 = C0/2.D0
          RY0 = 0.0001D0
          RZ0 = C0/2.D0
        ELSE IF( IFACE.EQ.4 ) THEN
          RX0 = 0.0001D0
          RY0 = C0/2.D0
          RZ0 = C0/2.D0
        END IF
C
        DO 50 IZ=0,Q-1
          RZI = DBLE(IZ)*C0 + RZ0
          IF( RZI .GE. L )         GOTO 50
          DO 40 IY=0,Q-1
            RYI = DBLE(IY)*C0 + RY0
            IF( RYI .GE. L )       GOTO 40
            DO 30 IX=0,Q-1
              RXI = DBLE(IX)*C0 + RX0
              IF( RXI .GE. L )     GOTO 30
C
              K=K+1
              RX(K)   =  RXI
              RY(K)   =  RYI
              RZ(K)   =  RZI
   30       CONTINUE
   40     CONTINUE
   50   CONTINUE
  100 CONTINUE
C
      N = K
      RETURN
      END
```

A5.2 3次元系の初期速度の設定 (SUBROUTINE INIVEL)

一様乱数列を用い，マクスウェル分布に従った初期速度を設定する．設定方法は式 (4.1) に示したとおりである．ただし，レナード・ジョーンズ分子を想定しているので，無次元速度の場合を取り扱っている．また，ここでは最高速度を最確熱速度 v_{mp}^* の 3.5 倍を越えないように取っている．

```
C*********************************************************************
C   THIS SUBROUTINE IS FOR SETTING INITIAL VELOCITIES OF PARTICLES   *
C   ACCORDING TO THE MAXWELLIAN DISTRIBUTION.                        *
C*********************************************************************
C**** SUB INIVEL ****
      SUBROUTINE INIVEL( N, TEMP )
C
      IMPLICIT REAL*8 ( A-H , O-Z )
C
      COMMON /BLOCK3/  VX , VY , VZ
      COMMON /BLOCK20/ NRAN , RAN  , IX
C
      PARAMETER( NN=2050 , NRANMX=100000 , PI=3.141592653589793D0 )
C
      INTEGER NRAN , IX
      REAL*8  VX(NN), VY(NN), VZ(NN)
      REAL    RAN(NRANMX)
C
      REAL*8  C0 , C1 , C2 , C3 , T , VCHK
C
      C0   = 2.D0*PI
      VCHK = 2.D0*TEMP*3.5D0**2
      T    = TEMP*2.D0
C
      DO 10 I=1,N
C                                                   --- X-COMPONENT ---
    5   C1    = DSQRT( -T*DLOG( DBLE(RAN(NRAN)) ) )
        NRAN  = NRAN + 1
        C1    = C1 * DSIN( C0*DBLE(RAN(NRAN)) )
        NRAN  = NRAN + 1
C                                                   --- Y-COMPONENT ---
        C2    = DSQRT( -T*DLOG( DBLE(RAN(NRAN)) ) )
        NRAN  = NRAN + 1
        C2    = C2 * DSIN( C0*DBLE(RAN(NRAN)) )
        NRAN  = NRAN + 1
C                                                   --- Z-COMPONENT ---
        C3    = DSQRT( -T*DLOG( DBLE(RAN(NRAN)) ) )
        NRAN  = NRAN + 1
        C3    = C3 * DSIN( C0*DBLE(RAN(NRAN)) )
        NRAN  = NRAN + 1
C
        IF( (C1*C1+C2*C2+C3*C3) .GE. VCHK )   GOTO 5
        VX(I) = C1
        VY(I) = C2
        VZ(I) = C3
```

```
C
   10 CONTINUE
      RETURN
      END
```

A5.3 平衡化の処理のための 3 次元系速度スケーリング (SUBROUTINE SCALEVEL)

第 4.2 節で示した速度スケーリング法により，所望の温度と系の運動量をゼロに設定する．プログラムにおいては，$\overline{v}$ を (VELX, VELY, VELZ)，$\Sigma(v_j^{*'})^2/N_s$ を VELSQ で表している．

```
C*************************************************************************
C    THIS SUBROUTINE IS FOR SCALING VELOCITIES OF PARTICLES TO OBTAIN *
C    DESIRED TEMPERATURE AND ZERO TOTAL MOMENTUM.                     *
C*************************************************************************
C**** SUB SCALEVEL ****
      SUBROUTINE SCALEVEL( N, TEMP, VELX, VELY, VELZ, VELSQ )
C
      IMPLICIT REAL*8 ( A-H , O-Z )
C
      COMMON /BLOCK3/ VX     , VY     , VZ
C
      PARAMETER( NN=2050 )
C
      REAL*8   VX(NN), VY(NN), VZ(NN),  T
C
C                              --- ZERO TOTAL MOMENTUM FOR EACH AXIS ---
      DO 70 I = 1,N
          VX(I) = VX(I) - VELX
          VY(I) = VY(I) - VELY
          VZ(I) = VZ(I) - VELZ
   70 CONTINUE
C                                  --- CORRECT VELOCITIES TO SATISFY ---
C                                  -   SPECIFIED TEMPERATURE            -
      T = VELSQ/3.D0
C
      C1 = DSQRT( TEMP/T)
C
      DO 170 I = 1,N
          VXI   = VX(I)
          VYI   = VY(I)
          VZI   = VZ(I)
          VX(I) = VXI*C1
          VY(I) = VYI*C1
          VZ(I) = VZI*C1
  170 CONTINUE
      RETURN
      END
```

A5.4　乱数発生 (SUBROUTINE RANCAL)

付録 A4.1 で示した方法で一様乱数列を発生させる．計算機が 2 の補数による表現法を採用しているとして，式 (A4.2) を用いている．

```
C*********************************************************************
C   THIS SUBROUTINE IS FOR GENERATING UNIFORM RANDOM NUMBERS         *
C   (SINGLE PRECISION).                                               *
C      N       : NUMBER OF RANDOM NUMBERS TO GENERATE                 *
C      IX      : INITIAL VALUE OF RANDOM NUMBERS (POSITIVE INTEGER)   *
C              : LAST GENERATED VALUE IS KEPT                         *
C      X(N)    : GENERATED RANDOM NUMBERS (0<X(N)<1)                  *
C*********************************************************************
C**** SUB RANCAL ****
      SUBROUTINE RANCAL( N, IX, X )
C
      DIMENSION  X(N)
      DATA INTEGMX/2147483647/
      DATA INTEGST,INTEG/584287,48828125/
C
      AINTEGMX = REAL( INTEGMX )
C
      IF ( IX.LT.0 ) PAUSE
      IF ( IX.EQ.0 ) IX = INTEGST
      DO 30 I=1,N
         IX = IX*INTEG
         IF (IX) 10, 20, 20
   10    IX   = (IX+INTEGMX)+1
   20    X(I) = REAL(IX)/AINTEGMX
   30 CONTINUE
      RETURN
      END
```

A5.5　ブロック分割法 (2 次元系)

図 4.8 のように，基本セルである正方形セルを一軸当たり P 分割し，計 $P\times P$ 個のサブセル (カットオフ・セル) に分割する．各カットオフ・セルは，自分のセルに属する粒子名を TABLE(*,GRP) に記憶し，さらにその個数を TMX(GRP) に記憶する．ここに，GRP はカットオフ・セルの名前であり，例えば $P=6$ の場合，図 4.8 のように命名する．粒子 i は，自分が属するカットオフ・セル名を GRPX(I),GRPY(I) に記憶する．ただし，もし粒子 i が GRP に属するとすれば，GRP=GRPX(I)+(GRPY(I)-1)*P なる関係がある．粒子がどのカットオフ・セルに属するかを判断するのに，カットオフ・セルの右端の x 座標が

用いられる．これは，GRPLX(GRP)(GRP=1,..,P) に格納されている．正方形セルなので，y軸方向の判定にも GRPLX(*) が用いられる．ここで呼び出している初期位置の設定サブルーチン INIPOSIT は，正方形の格子点上に配置するものであり，A5.1 で示したプログラムを参考にすれば容易に作成することができる．

```
C*******************************************************************
C*  THIS PROGRAM IS PART OF THE MAIN PROGRAM WHICH IS FOR          *
C*  INTRODUCING THE CELL INDEX METHOD FOR TWO-DIMENSIONAL SYSTEM.   *
C*******************************************************************
C      GRPY(I),GRPX(I)    : GROUP TO WHICH PARTICLE I BELONGS
C      P              : NUMBER OF CUT-OFF CELLS IN EACH DIRECTION
C      TMX(GRP)       : TOTAL NUMBER OF PARTICLES BELONGING TO GROUP(GRP)
C      TABLE(*,GRP): NAME OF PARTICLE BELONGING TO GROUP(GRP)
C      GRPLX(P)       : IS USED TO DETERMINE THE CELL TO WHICH
C                       PARTICLES BELONG
C      0<RX(I)<L  ,  0<RY(I)<L
C-------------------------------------------------------------------
C
      IMPLICIT REAL*8 (A-H,O-Z)
C
      COMMON /BLOCK1/  RX   , RY
      COMMON /BLOCK3/  GRPX , GRPY
      COMMON /BLOCK5/  TMX  , TABLE
      COMMON /BLOCK6/  P    , GRPLX
C                            --- NN : NUM. OF PARTICLES       ---
C                            --- PP : NUM. OF CUT-OFF CELLS   ---
      INTEGER  NN , PP , PP2 , TT
      PARAMETER( NN=1000 , PP=15 , PP2=225 , TT=500 )
C
      REAL*8   RX(NN) , RY(NN) , GRPLX(PP) , NDENS  , L
      INTEGER  GRPX(NN) , GRPY(NN) , TMX(PP2) , TABLE(TT,PP2) , N , P
                  .
                  .
                  .
C     -------------------------------------------------------------
C     -------------------   SET CELL INDEX METHOD   -----------------
C     -------------------------------------------------------------
C                                           --- MAKE P*P CELLS ---
      CALL CELLSET( N , NDENS , L , RCOFF )
C                                    --- SET INITIAL POSITIONS ---
      CALL INIPOSIT( N , NDENS , RCOFF , NP )
C                                   --- CELL NAME OF PARTICLES ---
      CALL GROUP( N )
C                             --- PARTICLE NAMES OF EACH CELL ---
      CALL TABLECAL( N , P )
                  .
                  .
                  .
      STOP
      END
C*******************************************************************
C   THIS SUBROUTINE IS FOR DISTRIBUTING A MAIN CELL INTO           *
C   MANY SUB-CELLS.                                                *
C*******************************************************************
C**** SUB CELLSET ****
      SUBROUTINE CELLSET( N ,NDENS , L , RCOFF )
```

```
C
      IMPLICIT REAL*8 (A-H,O-Z)
C
      COMMON /BLOCK6/  P   , GRPLX
C
      INTEGER  PP
      PARAMETER( PP=15 )
C
      INTEGER  P
      REAL*8   GRPLX(PP) , NDENS , L , C0
C
      L =  DSQRT( DBLE(N)/NDENS )
      P = INT(L/RCOFF)
      IF(P .LE. 2) PAUSE
C
      C0 = L/DBLE(P)
      DO 10 I=1,P
        GRPLX(I) = C0*DBLE(I)
   10 CONTINUE
      RETURN
      END
C*********************************************************************
C   THIS SUBROUTINE IS FOR CHECKING THE SUB-CELL TO WHICH EACH       *
C   PARTICLE BELONGS.                                                *
C*********************************************************************
C**** SUB GROUP *****
      SUBROUTINE GROUP( N )
C
      IMPLICIT REAL*8 (A-H,O-Z)
C
      COMMON /BLOCK1/  RX , RY
      COMMON /BLOCK3/  GRPX, GRPY
      COMMON /BLOCK6/  P   , GRPLX
C
      INTEGER  NN , PP
      PARAMETER( NN=1000 , PP=15 )
C
      INTEGER  GRPX(NN) , GRPY(NN) , N      , P
      REAL*8   RX(NN)   , RY(NN)   , GRPLX(PP)
C
      DO 30 I=1,N
C                                                  ----- X AXIS -----
        DO 10 J=1,P
          IF( GRPLX(J) .GT. RX(I) ) THEN
            GRPX(I) = J
            GOTO 15
          END IF
   10   CONTINUE
        GRPX(I) = P
C                                                  ----- Y AXIS -----
   15   DO 20 J=1,P
          IF( GRPLX(J) .GT. RY(I) ) THEN
            GRPY(I) = J
            GOTO 30
          END IF
   20   CONTINUE
        GRPY(I) = P
C
   30 CONTINUE
      RETURN
      END
C*********************************************************************
C   THIS SUBROUTINE IS FOR CHECKING THE PARTICLE NAMES WHICH EACH    *
```

```
C   SUB-CELL HAS.                                                   *
C*******************************************************************
C**** SUB TABLECAL *****
      SUBROUTINE TABLECAL( N , P )
C
      IMPLICIT REAL*8 (A-H,O-Z)
C
      COMMON /BLOCK3/  GRPX, GRPY
      COMMON /BLOCK5/  TMX , TABLE
C
      INTEGER  NN , PP2 , TT
      PARAMETER( NN=1000 , PP2=225 , TT=500  )
C
      INTEGER  GRPX(NN) , GRPY(NN) , TMX(PP2) , TABLE(TT,PP2)
      INTEGER  N   , P  , GX  , GY , GP
C
      DO 10 GY=1,P
      DO 10 GX=1,P
        GP = GX + (GY-1)*P
        TMX(GP)     = 0
        TABLE(1,GP) = 0
   10 CONTINUE
C
      DO 20 I=1,N
        GX = GRPX(I)
        GY = GRPY(I)
        GP = GX + (GY-1)*P
        TMX(GP) = TMX(GP) + 1
        TABLE( TMX(GP),GP ) = I
   20 CONTINUE
      RETURN
      END
```

A5.6 力の計算 (SUBROUTINE FORCECAL)

力の作用反作用の法則より，粒子 i が粒子 j に及ぼす力は，粒子 j が粒子 i に及ぼす力の符号を反転させたものに等しい．ゆえに，粒子 i に及ぼす力の計算のときに，反作用の力を相手粒子の変数に保存すれば，$N(N-1)/2$ 通りの計算で済む．DO 100 I=1,N-1; DO 50 J=I+1,N となっているのはこのためである．行番号 400 などは周期境界条件の処理を行っている．このサブルーチンに相互作用のエネルギーの項を付け加えるのは非常に簡単である．

```
00010 C*******************************************************************
00020 C   THIS SUBROUTINE IS FOR CALCULATING FORCES BETWEEN PARTICLES      *
00030 C   FOR THREE-DIMENSIONAL LENNARD-JONES SYSTEM.                      *
00040 C      RCOFF2 = RCOFF**2                                             *
00050 C*******************************************************************
00060 C**** SUB FORCECAL *****
00070       SUBROUTINE FORCECAL( N, RCOFF, RCOFF2, RX, RY, RZ, FX, FY, FZ )
00080 C
00090       IMPLICIT REAL*8( A-H , O-Z )
00100 C
```

```
      COMMON /BLOCK8/ XL     , YL      , ZL
C
      PARAMETER( NN=2050 )
C
      INTEGER  N
      REAL*8   RX(NN)   , RY(NN)   , RZ(NN)  , FX(NN)  , FY(NN)  , FZ(NN)
C
      REAL*8   RXI   , RYI   , RZI   , RXIJ  , RYIJ  , RZIJ  , RIJSQ
      REAL*8   FXI   , FYI   , FZI   , FXIJ  , FYIJ  , FZIJ  , FIJ
      REAL*8   SR2   , SR6   , SR12
C
      DO 10 I=1,N
        FX(I) = 0.D0
        FY(I) = 0.D0
        FZ(I) = 0.D0
   10 CONTINUE
C
      DO 100 I=1,N-1
C
        RXI = RX(I)
        RYI = RY(I)
        RZI = RZ(I)
        FXI = FX(I)
        FYI = FY(I)
        FZI = FZ(I)
C
        DO 50 J=I+1,N
C
          RXIJ = RXI  - RX(J)
          RXIJ = RXIJ - DNINT(RXIJ/XL)*XL
          IF( DABS(RXIJ) .GE. RCOFF )       GOTO 50
          RYIJ = RYI  - RY(J)
          RYIJ = RYIJ - DNINT(RYIJ/YL)*YL
          IF( DABS(RYIJ) .GE. RCOFF )       GOTO 50
          RZIJ = RZI  - RZ(J)
          RZIJ = RZIJ - DNINT(RZIJ/ZL)*ZL
          IF( DABS(RZIJ) .GE. RCOFF )       GOTO 50
C
          RIJSQ= RXIJ*RXIJ + RYIJ*RYIJ + RZIJ*RZIJ
          IF( RIJSQ .GE. RCOFF2 )           GOTO 50
C
          SR2  = 1.D0/RIJSQ
          SR6  = SR2*SR2*SR2
          SR12 = SR6*SR6
          FIJ  = ( 2.D0*SR12 - SR6 )/RIJSQ
          FXIJ = FIJ*RXIJ
          FYIJ = FIJ*RYIJ
          FZIJ = FIJ*RZIJ
          FXI  = FXI  + FXIJ
          FYI  = FYI  + FYIJ
          FZI  = FZI  + FZIJ
C
          FX(J) = FX(J) - FXIJ
          FY(J) = FY(J) - FYIJ
          FZ(J) = FZ(J) - FZIJ
C
   50   CONTINUE
C
        FX(I) = FXI
        FY(I) = FYI
        FZ(I) = FZI
C
  100 CONTINUE
```

```
C
      DO 120 I=1,N
        FX(I) = FX(I)*24.D0
        FY(I) = FY(I)*24.D0
        FZ(I) = FZ(I)*24.D0
  120 CONTINUE
      RETURN
      END
```

A5.7 小正準分子動力学アルゴリズムの主ルーチン

第 3.2 節で示した非剛体分子モデル系の分子動力学アルゴリズムの主ルーチンを以下に順次示していく．用いる変数は明らかなので，個別に説明することはしない．

A5.7.1 Verlet アルゴリズム

```
C*********************************************************************
C*  THIS PROGRAM IS MAIN PART OF THE VERLET ALGORITHM.               *
C*********************************************************************
C     RX0(I),RY0(I),RZ0(I) : POSITION OF PARTICLE I AT PREVIOUS TIME
C     HSQ = H*H    ,  RCOFF2 = RCOFF**2
C     0<RX(I)<XL   ,  0<RY(I)<YL   ,  0<RZ(I)<ZL
C---------------------------------------------------------------------
C
C     -----------------------------------------------------------
C     ------------------    START OF MAIN LOOP    ----------------
C     -----------------------------------------------------------
      DO 1000 NTIME=1,NTIMEMX
C
        DO 100 I=1,N
C
          RXI = 2.D0*RX(I) - RX0(I) + FX(I)*HSQ
          RYI = 2.D0*RY(I) - RY0(I) + FY(I)*HSQ
          RZI = 2.D0*RZ(I) - RZ0(I) + FZ(I)*HSQ
          RXI = RXI - DNINT( RXI/XL - 0.5D0 )*XL
          RYI = RYI - DNINT( RYI/YL - 0.5D0 )*YL
          RZI = RZI - DNINT( RZI/ZL - 0.5D0 )*ZL
C
          RX0(I) = RX(I)
          RY0(I) = RY(I)
          RZ0(I) = RZ(I)
          RX(I)  = RXI
          RY(I)  = RYI
          RZ(I)  = RZI
C
  100   CONTINUE
C
        CALL FORCECAL( N, RCOFF, RCOFF2, RX, RY, RZ, FX, FY, FZ )
C
 1000 CONTINUE
C     -----------------------------------------------------------
C     --------------------    END OF MAIN LOOP    ---------------
C     -----------------------------------------------------------
```

A5.7.2 velocity Verlet アルゴリズム

```
C*******************************************************************
C*  THIS PROGRAM IS MAIN PART OF THE VELOCITY VERLET ALGORITHM.    *
C*******************************************************************
C      H2 = H/2.D0   ,   HSQ = H*H   ,   RCOFF2 = RCOFF**2
C      0<RX(I)<XL   ,   0<RY(I)<YL   ,   0<RZ(I)<ZL
C-------------------------------------------------------------------
C
C      -------------------------------------------------------------
C      ------------------     START OF MAIN LOOP    ----------------
C      -------------------------------------------------------------
      DO 1000 NTIME = 1,NTIMEMX
C
        DO 100 I = 1,N
C
          RXI = RX(I) + H*VX(I) + HSQ*FX(I)/2.D0
          RYI = RY(I) + H*VY(I) + HSQ*FY(I)/2.D0
          RZI = RZ(I) + H*VZ(I) + HSQ*FZ(I)/2.D0
          RXI = RXI - DNINT( RXI/XL - 0.5D0 )*XL
          RYI = RYI - DNINT( RYI/YL - 0.5D0 )*YL
          RZI = RZI - DNINT( RZI/ZL - 0.5D0 )*ZL
C                                       --- PART (A) OF VELOCITIES ---
          VX(I) = VX(I) + H2*FX(I)
          VY(I) = VY(I) + H2*FY(I)
          VZ(I) = VZ(I) + H2*FZ(I)
C
          RX(I) = RXI
          RY(I) = RYI
          RZ(I) = RZI
C
  100   CONTINUE
C
        CALL FORCECAL( N, RCOFF, RCOFF2, RX, RY, RZ, FX, FY, FZ )
C
C                                       --- PART (B) OF VELOCITIES ---
        DO 120 I = 1,N
          VXI = VX(I) + H2*FX(I)
          VYI = VY(I) + H2*FY(I)
          VZI = VZ(I) + H2*FZ(I)
          VX(I) = VXI
          VY(I) = VYI
          VZ(I) = VZI
  120   CONTINUE
C
 1000 CONTINUE
C      ------------------------------------------------------------
C      ---------------------     END OF MAIN LOOP    --------------
C      ------------------------------------------------------------
```

A5.7.3 leapfrog アルゴリズム

```
C*******************************************************************
C*  THIS PROGRAM IS MAIN PART OF THE LEAPFROG ALGORITHM.           *
C*******************************************************************
C      RCOFF2 = RCOFF**2
C      0<RX(I)<XL   ,   0<RY(I)<YL   ,   0<RZ(I)<ZL
C-------------------------------------------------------------------
C
```

```
C     ------------------------------------------------------------
C     ------------------  START OF MAIN LOOP   -------------------
C     ------------------------------------------------------------
      DO 1000 NTIME = 1,NTIMEMX
C
        DO 100 I = 1,N
C
          VX(I) = VX(I) + H*FX(I)
          VY(I) = VY(I) + H*FY(I)
          VZ(I) = VZ(I) + H*FZ(I)
C
          RXI = RX(I) + H*VX(I)
          RYI = RY(I) + H*VY(I)
          RZI = RZ(I) + H*VZ(I)
          RXI = RXI - DNINT( RXI/XL - 0.5D0 )*XL
          RYI = RYI - DNINT( RYI/YL - 0.5D0 )*YL
          RZI = RZI - DNINT( RZI/ZL - 0.5D0 )*ZL
C
          RX(I) = RXI
          RY(I) = RYI
          RZ(I) = RZI
C
  100   CONTINUE
C
        CALL FORCECAL( N, RCOFF, RCOFF2, RX, RY, RZ, FX, FY, FZ )
C
 1000 CONTINUE
C     ------------------------------------------------------------
C     --------------------   END OF MAIN LOOP   -----------------
C     ------------------------------------------------------------
```

A5.7.4 Beeman アルゴリズム

```
C*****************************************************************
C*  THIS PROGRAM IS MAIN PART OF THE BEEMAN ALGORITHM.           *
C*****************************************************************
C     FX1(I),FY1(I),FZ1(I) : FORCES ACTING ON PARTICLE I AT N-STEP
C     FX2(I),FY2(I),FZ2(I) : FORCES ACTING ON PARTICLE I AT (N+1)-STEP
C     CR1 = 4.D0/6.D0   ,  CR2 = 1.D0/6.D0   ,  CV1 = 2.D0/6.D0
C     CV2 = 5.D0/6.D0   ,  CV3 = 1.D0/6.D0
C     HSQ = H*H    ,  RCOFF2 = RCOFF**2
C     0<RX(I)<XL   ,  0<RY(I)<YL   ,  0<RZ(I)<ZL
C-----------------------------------------------------------------
C
C     ------------------------------------------------------------
C     ------------------  START OF MAIN LOOP   -------------------
C     ------------------------------------------------------------
      DO 1000 NTIME = 1,NTIMEMX
C
        DO 100 I = 1,N
C
          RXI = RX(I) + H*VX(I) + HSQ*( CR1*FX2(I) - CR2*FX1(I) )
          RYI = RY(I) + H*VY(I) + HSQ*( CR1*FY2(I) - CR2*FY1(I) )
          RZI = RZ(I) + H*VZ(I) + HSQ*( CR1*FZ2(I) - CR2*FZ1(I) )
          RXI = RXI - DNINT( RXI/XL - 0.5D0 )*XL
          RYI = RYI - DNINT( RYI/YL - 0.5D0 )*YL
          RZI = RZI - DNINT( RZI/ZL - 0.5D0 )*ZL
C                                      --- PART (A) OF VELOCITIES ---
          VX(I) = VX(I) + H*( CV2*FX2(I) - CV3*FX1(I) )
          VY(I) = VY(I) + H*( CV2*FY2(I) - CV3*FY1(I) )
          VZ(I) = VZ(I) + H*( CV2*FZ2(I) - CV3*FZ1(I) )
```

```
C
           RX(I) = RXI
           RY(I) = RYI
           RZ(I) = RZI
           FX1(I) = FX2(I)
           FY1(I) = FY2(I)
           FZ1(I) = FZ2(I)
C
  100   CONTINUE
C
        CALL FORCECAL( N, RCOFF, RCOFF2, RX, RY, RZ, FX2, FY2, FZ2 )
C
C                                          --- PART (B) OF VELOCITIES ---
        DO 120 I = 1,N
          VXI = VX(I) + H*CV1*FX2(I)
          VYI = VY(I) + H*CV1*FY2(I)
          VZI = VZ(I) + H*CV1*FZ2(I)
          VX(I) = VXI
          VY(I) = VYI
          VZ(I) = VZI
  120   CONTINUE
C
 1000 CONTINUE
C     ---------------------------------------------------------------
C     --------------------- END OF MAIN LOOP  --------------------
C     ---------------------------------------------------------------
```

A5.7.5 Gear アルゴリズム

```
C*********************************************************************
C*  THIS PROGRAM IS MAIN PART OF THE GEAR ALGORITHM.                *
C*********************************************************************
C     BX( I),BY( I),BZ( I) : DERIVATIVE OF FORCES
C     FX1(I),FY1(I),FZ1(I) : FORCES ACTING ON PARTICLE I AT N-STEP
C     FX2(I),FY2(I),FZ2(I) : FORCES ACTING ON PARTICLE I AT (N+1)-STEP
C     CB0 = 1.D0/6.D0   , CB1 = 5.D0/6.D0    , CB2 = 1.D0
C     CB3 = 1.D0/3.D0
C     CBB0  = CB0*HSQ2 ,  CBB1  = CB1*H/2.D0 ,  CBB2  = CB2
C     CBB3  = CB3*3.D0/H
C     HSQ2 = H*H/2.D0   ,  HTR6 = H*H*H/6.D0   ,  RCOFF2 = RCOFF**2
C     0<RX(I)<XL   ,  0<RY(I)<YL   ,  0<RZ(I)<ZL
C--------------------------------------------------------------------
C
C     ---------------------------------------------------------------
C     ------------------  START OF MAIN LOOP  --------------------
C     ---------------------------------------------------------------
      DO 1000 NTIME = 1,NTIMEMX
C
        DO 100 I = 1,N
C                                                  --- PREDICTION ---
C
          RXI = RX(I) + H*VX(I) + HSQ2*FX1(I) + HTR6*BX(I)
          RYI = RY(I) + H*VY(I) + HSQ2*FY1(I) + HTR6*BY(I)
          RZI = RZ(I) + H*VZ(I) + HSQ2*FZ1(I) + HTR6*BZ(I)
          RX(I) = RXI - DNINT( RXI/XL - 0.5D0 )*XL
          RY(I) = RYI - DNINT( RYI/YL - 0.5D0 )*YL
          RZ(I) = RZI - DNINT( RZI/ZL - 0.5D0 )*ZL
C
          VX(I) = VX(I) + H*FX1(I) + HSQ2*BX(I)
          VY(I) = VY(I) + H*FY1(I) + HSQ2*BY(I)
```

```
            VZ(I) = VZ(I) + H*FZ1(I) + HSQ2*BZ(I)
C
            FX1(I) = FX1(I) + H*BX(I)
            FY1(I) = FY1(I) + H*BY(I)
            FZ1(I) = FZ1(I) + H*BZ(I)
C
  100     CONTINUE
C
          CALL FORCECAL( N, RCOFF, RCOFF2, RX, RY, RZ, FX2, FY2, FZ2 )
C
C                                                    --- CORRECTION ---
          DO 110 I = 1,N
            DAX = FX2(I) - FX1(I)
            DAY = FY2(I) - FY1(I)
            DAZ = FZ2(I) - FZ1(I)
C
            RX(I) = RX(I) + CBB0*DAX
            RY(I) = RY(I) + CBB0*DAY
            RZ(I) = RZ(I) + CBB0*DAZ
C
            VX(I) = VX(I) + CBB1*DAX
            VY(I) = VY(I) + CBB1*DAY
            VZ(I) = VZ(I) + CBB1*DAZ
C
            FX1(I) = FX2(I)
            FY1(I) = FY2(I)
            FZ1(I) = FZ2(I)
C
            BX(I) = BX(I) + CBB3*DAX
            BY(I) = BY(I) + CBB3*DAY
            BZ(I) = BZ(I) + CBB3*DAZ
  110     CONTINUE
C
 1000 CONTINUE
C     ------------------------------------------------------------
C     --------------------  END OF MAIN LOOP  --------------------
C     ------------------------------------------------------------
```

A5.8 分子動力学アルゴリズムの安定性の検討プログラム (MDSTAB2C.FORT)

第 3.3 節の図 3.1 で示した，velocity Verlet アルゴリズムの発散過程を調べるプログラムを示す．FORCECAL などの必要なサブルーチンは，前に示したものを変更なしにそのまま使う．初期状態等を設定した後，平衡化の処理を行って，系の運動量ゼロおよび設定温度を達成させてから本シミュレーションに入る．NTMPMID の短い時間間隔で平均された瞬間温度が，最終的に変数 TMPMIDAV(*) に格納される．系の発散は，TMPMIDAV(*) が設定温度 TEMP0 の 1.3 倍以上になったか，あるいは，0.7 倍以下になったかで判定される．発散が生じた場合，あるいは，所定の時間ステップを終了したら，データをファイルに出力して終了する．

```
C***********************************************************************
C*                                                                     *
C*                MDSTAB2C.FORT                                        *
C*                                                                     *
C*       ----------------------------------------------------------    *
C*       -  NVE MOLECULAR DYNAMICS SIMULATION FOR                 -    *
C*       -  THREE-DIMENSIONAL LENNARD-JONES SYSTEM.               -    *
C*       ----------------------------------------------------------    *
C*                1. VELOCITY VERLET ALGORITHM                         *
C*                2. INVESTIGATION OF STABILITY ACCORDING              *
C*                   TO TIME INTERVALS                                 *
C*                3. NOT USING THE CELL INDEX METHOD                   *
C*                                                                     *
C*          COMMAND PROC. (FOR HITAC-VOS3)                             *
C*                10 ALLOC DD(FT09F001) DS(ZZ.DATA)  REN REU           *
C*                20 ALLOC DD(FT15F001) DS(ZZ1.DATA) REN REU           *
C*                30 RUN MDSTAB2C.FORT                                 *
C*                40 FREE ALL                                          *
C*                50 END                                               *
C*                               ZZ.DATA  : DATA OF VEL**2             *
C*                               ZZ1.DATA : DATA OF VEL**2 FOR DRAFT   *
C*                                                                     *
C*                                       VER.1 BY A.SATOH , '94  5/12  *
C***********************************************************************
C     FX1(I),FY1(I),FZ1(I)  : FORCES ACTING ON PARTICLE I
C     NDENS0        : NUMBER DENSITY
C     TEMP0         : TEMPERATURE (DESIRED)
C     VELSQAV(NS)   : ACTUAL INSTANT TEMPERATURE IN SIMULATIONS
C                     AT EACH TIME STEP
C     TMPMIDAV(NS)  : MEAN TEMPERATURE OBTAINED BY USING SOME RESULTS
C     NTIMEMX       : MAXIMUM NUMBER OF TIME STEP
C     0<RX(I)<XL  ,   0<RY(I)<YL  ,   0<RZ(I)<ZL
C-----------------------------------------------------------------------
      IMPLICIT REAL*8 (A-H,O-Z)
C
      COMMON /BLOCK1/ RX      , RY      , RZ
      COMMON /BLOCK3/ VX      , VY      , VZ
      COMMON /BLOCK4/ FX1     , FY1     , FZ1
      COMMON /BLOCK7/ N       , NDENS0  , TEMP0
      COMMON /BLOCK8/ XL      , YL      , ZL
      COMMON /BLOCK9/ VELSQAV, TMPMIDAV
      COMMON /BLOCK20/NRAN    , RAN   , IX
C
      PARAMETER( NN=2050 , NS=300000 )
      PARAMETER( NRANMX=100000 , PI=3.141592653589793D0 )
C
      INTEGER  N
      REAL*8   RX(NN), RY(NN), RZ(NN) , VX(NN), VY(NN), VZ(NN)
      REAL*8   FX1(NN), FY1(NN), FZ1(NN)
      REAL*8   VELSQAV(NS) , TMPMIDAV(NS) , NDENS0
C
      REAL     RAN(NRANMX)
      INTEGER  NRAN   , IX
C
      REAL*8   H  , HSQ  , H2 , RCOFF , RCOFF2
      REAL*8   EH , EHSQ , EH2
      REAL*8   RXI  , RYI , RZI  , VXI , VYI , VZI , VELSQ
      REAL*8   EVELX, EVELY, EVELZ, EVELSQ
      INTEGER  NTIME  , NTIMEMX  , DN , SMPL
      INTEGER  ENTIME , ENTIMEMX
      INTEGER  NVELSC , NTMPMID  , NTMPMX , NP
      LOGICAL  STABLE
C
```

```
                                                               NP=9
                     OPEN( 9,FILE='ZZ.DATA' ,STATUS='UNKNOWN',TYPE='TEXT')
                     OPEN(15,FILE='ZZ1.DATA',STATUS='UNKNOWN',TYPE='TEXT')
C
C
C                                              ----- PARAMETER (1) -----
C
C     ++++++++++++++++++++++++++++++++++++++++++++++++++++++++++++++++
C         N=32, 108, 256, 500, 864, 1372, 2048 MUST BE CHOSEN.
C
C             H         NTIMEMX   DN           H          NTIMEMX   DN
C           0.01         10,000    1          0.001       100,000   10
C           0.009        11,000    1          0.0009      110,000   11
C           0.008        12,000    1          0.0008      120,000   12
C           0.007        14,000    1          0.0007      140,000   14
C           0.006        17,000    1          0.0006      170,000   17
C           0.005        20,000    2          0.0005      200,000   20
C           0.004        25,000    2          0.0004      250,000   25
C           0.003        33,000    3          0.0003      330,000   33
C           0.002        50,000    5          0.0002      500,000   50
C                                             0.0001    1,000,000  100
C     ++++++++++++++++++++++++++++++++++++++++++++++++++++++++++++++++
      N      = 108
      RCOFF  = 2.5D0
      H      = 0.005D0
C
      NTIMEMX= 20000
      DN       = 2
C
      NDENS0= 0.2D0
      TEMP0 = 2.0D0
C
      NTMPMID = INT( (0.2D0 + 1.D-10) /H )
C                                              ----- PARAMETER (2) -----
      H2        = H/2.D0
      HSQ       = H*H
      RCOFF2    = RCOFF**2
      DT        = H*DBLE(DN)
C                                              ----- PARAMETER (3) -----
      EH        = H
      ENTIMEMX= 1000
      NVELSC    = INT( 0.2D0/H )
      IF( NVELSC .LE. 5 ) THEN
        NVELSC = 5
      ELSE IF( (NVELSC.GT.5) .AND. (NVELSC.LE.10) ) THEN
        NVELSC = 10
      ELSE IF( (NVELSC.GT.10).AND. (NVELSC.LE.20) ) THEN
        NVELSC = 20
      ELSE IF( (NVELSC.GT.20).AND. (NVELSC.LE.40) ) THEN
        NVELSC = 40
      ELSE
        NVELSC = 50
      END IF
      EH2       = EH/2.D0
      EHSQ      = EH*EH
CCC   EH        = 0.0001D0
CCC   ENTIMEMX= 5000
CCC   NVELSC    = 500
C                                              ----- PARAMETER (5) -----
      IX        = 0
      CALL RANCAL( NRANMX,IX,RAN )
      NRAN      = 1
C
```

```
C     ----------------------------------------------------------------
C     -----------------    INITIAL CONFIGURATION    -----------------
C     ----------------------------------------------------------------
C
C                                       --- SET INITIAL POSITIONS ---
      CALL INIPOSIT( N, NDENS0, XL )
      YL = XL
      ZL = XL
C                                      --- SET INITIAL VELOCITIES ---
      CALL INIVEL( N, TEMP0 )
C                                            --- CALCULATE ENERGY ---
      CALL FORCECAL( N, RCOFF, RCOFF2, RX, RY, RZ, FX1, FY1, FZ1 )
C
C                                        --- PRINT OUT CONSTANTS ---
      WRITE(NP,10) N,NDENS0, TEMP0, RCOFF, H, XL, YL, ZL,
     &             EH, ENTIMEMX, NTMPMID
C
C                                               --- EQUILIBRATION ---
      EVELX  = 0.D0
      EVELY  = 0.D0
      EVELZ  = 0.D0
      EVELSQ = 0.D0
C
      DO 50 ENTIME = 1, ENTIMEMX
C
        DO 45 I = 1,N
C
C
          RXI = RX(I) + EH*VX(I) + EHSQ*FX1(I)/2.D0
          RYI = RY(I) + EH*VY(I) + EHSQ*FY1(I)/2.D0
          RZI = RZ(I) + EH*VZ(I) + EHSQ*FZ1(I)/2.D0
C
          RXI = RXI - DNINT( RXI/XL - 0.5D0 )*XL
          RYI = RYI - DNINT( RYI/YL - 0.5D0 )*YL
          RZI = RZI - DNINT( RZI/ZL - 0.5D0 )*ZL
C                                       --- PART (A) OF VELOCITIES ---
          VX(I) = VX(I) + EH2*FX1(I)
          VY(I) = VY(I) + EH2*FY1(I)
          VZ(I) = VZ(I) + EH2*FZ1(I)
C
          RX(I) = RXI
          RY(I) = RYI
          RZ(I) = RZI
C
   45   CONTINUE
C
        CALL FORCECAL( N, RCOFF, RCOFF2, RX, RY, RZ, FX1, FY1, FZ1 )
C
C                                       --- PART (B) OF VELOCITIES ---
        DO 47 I = 1,N
          VXI = VX(I) + EH2*FX1(I)
          VYI = VY(I) + EH2*FY1(I)
          VZI = VZ(I) + EH2*FZ1(I)
          VX(I) = VXI
          VY(I) = VYI
          VZ(I) = VZI
          EVELX = EVELX + VXI
          EVELY = EVELY + VYI
          EVELZ = EVELZ + VZI
          EVELSQ  = EVELSQ + VXI*VXI + VYI*VYI + VZI*VZI
   47   CONTINUE
C                                           --- VELOCITY SCALING ---
        IF( MOD(ENTIME,NVELSC) .EQ. 0 ) THEN
```

```
          EVELX  = EVELX /DBLE(N*NVELSC)
          EVELY  = EVELY /DBLE(N*NVELSC)
          EVELZ  = EVELZ /DBLE(N*NVELSC)
          EVELSQ = EVELSQ/DBLE(N*NVELSC)
          CALL SCALEVEL( N, TEMP0, EVELX, EVELY, EVELZ, EVELSQ )
          EVELX  = 0.D0
          EVELY  = 0.D0
          EVELZ  = 0.D0
          EVELSQ = 0.D0
        END IF
C
   50 CONTINUE
C                                     --- PRINT OUT INSTANT TEMPERATURE ---
      EVELSQ = 0.D0
      DO 52 I = 1,N
        VXI = VX(I)
        VYI = VY(I)
        VZI = VZ(I)
        EVELSQ  = EVELSQ + VXI*VXI + VYI*VYI + VZI*VZI
   52 CONTINUE
      EVELSQ = EVELSQ/DBLE(3*N)
      WRITE(NP,53) EVELSQ
C
C     -----------------------------------------------------------------
C     ------------------    START OF MAIN LOOP    --------------------
C     -----------------------------------------------------------------
      SMPL = 0
      DO 70 I=1,NTIMEMX
        TMPMIDAV(I) = 0.D0
   70 CONTINUE
C
C
      DO 1000 NTIME = 1,NTIMEMX
C
C
        DO 100 I = 1,N
C
          RXI = RX(I) + H*VX(I) + HSQ*FX1(I)/2.D0
          RYI = RY(I) + H*VY(I) + HSQ*FY1(I)/2.D0
          RZI = RZ(I) + H*VZ(I) + HSQ*FZ1(I)/2.D0
          RXI = RXI - DNINT( RXI/XL - 0.5D0 )*XL
          RYI = RYI - DNINT( RYI/YL - 0.5D0 )*YL
          RZI = RZI - DNINT( RZI/ZL - 0.5D0 )*ZL
C                                         --- PART (A) OF VELOCITIES ---
          VX(I) = VX(I) + H2*FX1(I)
          VY(I) = VY(I) + H2*FY1(I)
          VZ(I) = VZ(I) + H2*FZ1(I)
C
          RX(I) = RXI
          RY(I) = RYI
          RZ(I) = RZI
C
  100   CONTINUE
C
        CALL FORCECAL( N, RCOFF, RCOFF2, RX, RY, RZ, FX1, FY1, FZ1 )
C
C                                         --- PART (B) OF VELOCITIES ---
        DO 120 I = 1,N
          VXI = VX(I) + H2*FX1(I)
          VYI = VY(I) + H2*FY1(I)
          VZI = VZ(I) + H2*FZ1(I)
          VX(I) = VXI
          VY(I) = VYI
```

```
          VZ(I) = VZI
  120   CONTINUE
C
C       ----------------------------------------------------------------
C
        IF( MOD(NTIME,DN) .EQ. 0 ) THEN
          VELSQ = 0.D0
          DO 130 I=1,N
            VXI = VX(I)
            VYI = VY(I)
            VZI = VZ(I)
            VELSQ  = VELSQ + VXI*VXI + VYI*VYI + VZI*VZI
  130     CONTINUE
          VELSQ = VELSQ/DBLE(N)
          SMPL  = SMPL + 1
          VELSQAV(SMPL)= VELSQ
        END IF
C
        VELSQ = 0.D0
        DO 140 I=1,N
          VXI = VX(I)
          VYI = VY(I)
          VZI = VZ(I)
          VELSQ  = VELSQ + VXI*VXI + VYI*VYI + VZI*VZI
  140   CONTINUE
        VELSQ = VELSQ/DBLE(3*N)
        II     = ( NTIME + NTMPMID - 1 )/NTMPMID
        TMPMIDAV(II) = TMPMIDAV(II) + VELSQ
        NTMPMX        = II
C
        IF( MOD(NTIME,NTMPMID) .EQ. 0 ) THEN
          VELSQ        = TMPMIDAV(II)/DBLE(NTMPMID)
          TMPMIDAV(II) = VELSQ
          IF( (VELSQ .GT. 1.3D0*TEMP0) .OR.
     &         (VELSQ .LT. 0.7D0*TEMP0)       ) THEN
            STABLE = .FALSE.
            NTMPMX = II
            GOTO 1100
          END IF
        END IF
C
C
 1000 CONTINUE
C
C     ----------------------------------------------------------------
C     ---------------------   END OF MAIN LOOP   -------------------
C     ----------------------------------------------------------------
C
      STABLE = .TRUE.
      WRITE(NP,*)' SYSTEM IS STABLE ******************************'
C                                                  --- PRINT OUT ---
 1100 IF( STABLE ) THEN
        WRITE(NP,1102) ( VELSQAV(I),I=1,SMPL,10)
      ELSE
        IF( SMPL .GT. 1000 ) THEN
          WRITE(NP,1104) ( VELSQAV(I),I=SMPL-1000,SMPL )
        ELSE
          WRITE(NP,1106) ( VELSQAV(I),I=1,SMPL )
        END IF
      END IF
C
      WRITE(NP,1107) ( TMPMIDAV(I),I=1,NTMPMX )
C
```

```
      IF( STABLE ) THEN
        WRITE(NP,1108) DT*DBLE(SMPL)
      ELSE
        WRITE(NP,1109) DT*DBLE(SMPL)
      END IF
C                                                --- DATA OUTPUT ---
      WRITE(15,1114) SMPL, DT, H, DN, NTMPMX
      WRITE(15,1116) ( VELSQAV(I),I=1,SMPL )
      WRITE(15,1118) N, NDENS0, TEMP0, RCOFF
      WRITE(15,1116) ( TMPMIDAV(I),I=1,NTMPMX )
C
C
                               CLOSE( 9,STATUS='KEEP')
                               CLOSE(15,STATUS='KEEP')
C
C     ------------------------- FORMAT ------------------------------
C
   10 FORMAT(/1H ,'-------------------------------------------------'
     &       /1H ,'       MOLECULAR DYNAMICS METHOD                 '
     &       /1H ,'     +++ THREE-DIMENSIONAL CASE +++              '
     &      //1H ,'N=',I4 ,3X, 'NDENS=',F8.3 ,3X, 'TEMP=',F6.3 ,3X,
     &            'RCOFF=',F6.3 ,3X, 'H=',F10.8
     &       /1H ,'XL=',F6.3 ,3X, 'YL=',F6.3, 3X,'ZL=',F6.3
     &       /1H ,'EH=',F10.8 ,3X, 'ENTIMEMX=',I8
     &       /1H ,'NTMPMID=',I8
     &      //1H ,'-------------------------------------------------'/)
   53 FORMAT(/1H ,'*** INSTANT TEMPERATURE AFTER EQUILIBRATION ***'
     &           ,'   TEMP=',F7.3/)
 1102 FORMAT(/1H ,'+++++ VELSQ(1), VELSQ(11), VELSQ(21), ....... ++++'
     &       /(1H ,2X, 10F7.2) )
 1104 FORMAT(/1H ,'+++++ ......... , VELSQ(SMPL-1), VELSQ(SMPL) +++++'
     &       /(1H ,2X, 10F7.2) )
 1106 FORMAT(/1H ,'+++++ VELSQ(1), VELSQ(2), ...... ,VELSQ(SMPL) ++++'
     &       /(1H ,2X, 10F7.2) )
 1107 FORMAT(/1H ,'+++++ TMPMIDAV(1), TMPMIDAV(2),.............. ++++'
     &       /(1H ,2X, 10F7.2) )
 1108 FORMAT(/1H ,'++++ SYSTEM IS STABLE ++++      TIME=',F11.5/)
 1109 FORMAT(/1H ,'---- NOT STABLE ----------      TIME=',F11.5/)
 1114 FORMAT( I8 , 2E18.10 , 2I8 )
 1116 FORMAT( (10F8.3) )
 1118 FORMAT( I8 , 3E18.10 )
      STOP
      END
```

索　引

ア 行

カ 行

サ 行

タ 行

ナ 行

ハ 行

マ 行

ヤ 行

ラ 行

著者略歴

神山新一（Prof. S. Kamiyama）

1962年　東北大学大学院工学研究科博士課程修了（工学博士）
1998年　東北大学名誉教授（流体科学研究所）
現　在　秋田県立大学システム科学技術学部学部長
専　門　流体工学，磁性流体工学，電磁流体，気液二相流，機能・知能流体

佐藤　明（Prof. A. Satoh）

1989年　東北大学大学院工学研究科博士課程修了（工学博士）
現　在　秋田県立大学システム科学技術学部教授
専　門　分子シミュレーション，磁性流体工学，コロイド物理工学，ミクロ熱流体

分子シミュレーション講座
分子動力学シミュレーション（新装版）　定価はカバーに表示

1997年5月10日　初　版第1刷
2020年1月5日　新装版第1刷

著　者　神　山　新　一
　　　　佐　藤　　　明
発行者　朝　倉　誠　造
発行所　株式会社　朝　倉　書　店
東京都新宿区新小川町 6-29
郵便番号　162-8707
電　話　03（3260）0141
FAX　03（3260）0180
http://www.asakura.co.jp

〈検印省略〉

三美印刷・渡辺製本

ISBN 978-4-254-12250-3 C3341　Printed in Japan